Mohamed Yassine AZZOUZ
Nora MIMOUNE
Rachid KAIDI

Tumores uterinos em mulheres

Mohamed Yassine AZZOUZ
Nora MIMOUNE
Rachid KAIDI

Tumores uterinos em mulheres

ScienciaScripts

Imprint

Any brand names and product names mentioned in this book are subject to trademark, brand or patent protection and are trademarks or registered trademarks of their respective holders. The use of brand names, product names, common names, trade names, product descriptions etc. even without a particular marking in this work is in no way to be construed to mean that such names may be regarded as unrestricted in respect of trademark and brand protection legislation and could thus be used by anyone.

Cover image: www.ingimage.com

This book is a translation from the original published under ISBN 978-3-8381-4963-9.

Publisher:
Sciencia Scripts
is a trademark of
Dodo Books Indian Ocean Ltd. and OmniScriptum S.R.L publishing group

120 High Road, East Finchley, London, N2 9ED, United Kingdom
Str. Armeneasca 28/1, office 1, Chisinau MD-2012, Republic of Moldova, Europe
Managing Directors: Ieva Konstantinova, Victoria Ursu
info@omniscriptum.com

Printed at: see last page
ISBN: 978-620-2-64862-2

Conteúdos

Abstrato

O objectivo deste trabalho é destacar a importância dos dados bibliográficos técnicos e estatísticos internacionais, organizá-los num contexto educativo, actualizá-los e completá-los com os reproduzidos na Argélia em 2016 e 2017, a fim de destacar muito mais a situação neste país e aproximar estes dados da comunidade científica local e global.

Este estudo reflecte a parte bibliográfica extraída de trabalhos de investigação sobre os cancros ginecológicos e especialmente do corpo do útero na Argélia e apresenta um resumo bibliográfico, que tentámos avaliar na base deste, a importância desta patologia através da recolha de dados recentes e colocados à nossa disposição.

Introdução

O cancro é um verdadeiro problema de saúde pública e os cancros ginecológicos são a principal causa de morte por cancro entre as mulheres em todo o mundo.

Um número significativo de cancros ginecológicos afecta uma proporção significativa de mulheres em idade reprodutiva nas sociedades modernas, e estas mulheres desejam preservar a sua fertilidade para uma oportunidade futura de procriação. Apesar de muitos desafios, é possível preservar a capacidade reprodutiva das mulheres com cancro ginecológico sem comprometer a sobrevivência, destacando várias novas técnicas que estão no horizonte e que, quando desenvolvidas com sucesso, podem transformar significativamente o campo da preservação da fertilidade (Taylan e Oktay, 2019). Estas tecnologias avançadas que proporcionarão novos conhecimentos científicos baseiam-se principalmente na medida em que os dados existentes podem ser controlados e na medida em que esta informação é actualizada.

Os dados completos sobre o peso dos cancros ginecológicos comunicados na Argélia são insuficientes. A OMS constrói a sua própria base de dados a partir de estimativas nacionais de incidência por modelização, utilizando rácios de incidência com um método de amostragem baseado no cálculo de uma média ponderada ou simples das taxas locais mais recentes aplicadas à população de alguns Wilayas, ou por uma estimativa aproximada baseada em dados fornecidos pelos estabelecimentos de saúde dos países em questão.

Este trabalho está interessado em apresentar noções sobre tumores uterinos e a sua situação em todo o mundo e na Argélia. Antes disso, foram estabelecidas advertências sobre o tracto genital feminino e sobre os tumores em geral.

CAPÍTULO 1

ANATOMIA E HISTOLOGIA DO TRACTO GENITAL FEMININO

1. Definição

O útero [s. m. (do útero *lat.*) (em *gr.* hustéra), matriz Syn. é o órgão feminino, muscular e oco em forma de pêra invertida (Garnier et al., 2008; Roghi, 2015) em que o produto da concepção se desenvolve e é expulso durante o parto. É descrito como tendo duas partes: um corpo que comunica com as trompas de Falópio e uma abertura do colo do útero para a vagina (Garnier et al, 2008). Anteriores ao útero estão a bexiga e o púbis; posteriores, o recto (Fig. 1.1); laterais, os ovários; e superiores, o peritoneu.

Numa secção sagital (Fig. 2.1), o útero é mais frequentemente posicionado anteriormente: é

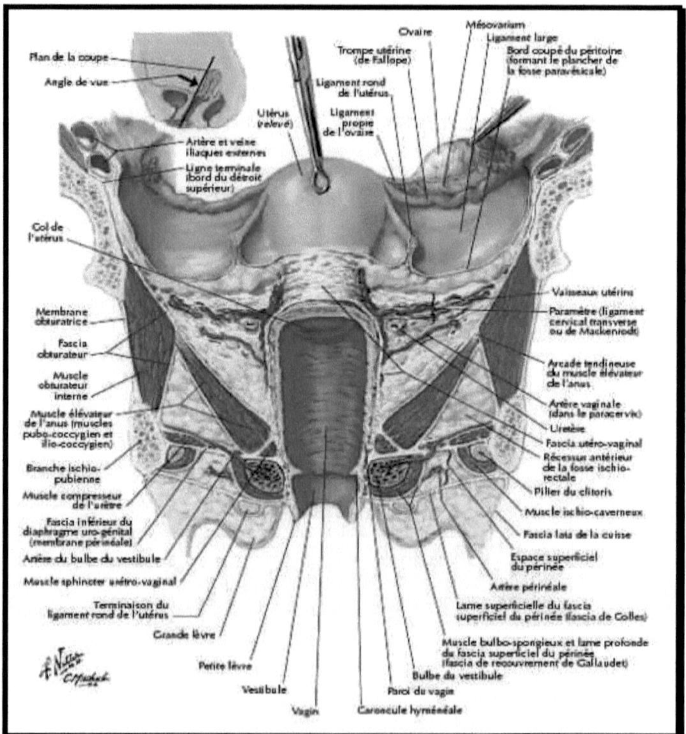

Fig. 1.1. Útero, vagina e estruturas de apoio (Netter, 2014)

entelechy de 100 a 120° (Ramanah e Parratte, 2013) ou antevertido em 70 a 80% das mulheres (Vermersch, 2007; Roghi, 2015; Benkirane, 2019), recupera gradualmente quando a bexiga se enche. O útero não grávido tem cerca de 7 cm de comprimento (UVMF, 2011). As dimensões da cavidade uterina são :

* Nulliparous: 55 mm em média; 25 para o corpo, 25 para o pescoço e 5 para o istmo ;
* Multiparos: o aumento da cavidade é evidente ao nível do corpo que atinge 35 mm.

A sua capacidade é de cerca de :

* 4 cc nos nulliparous;
* 5 cc em multiparos.

Pesa:

* 40 a 50 gramas em nulliparous;
* 50 a 70 g em multiparas (Kamina et al, 2006).

O útero apresenta uma constrição mais acentuada na frente e nos lados que corresponde a o istmo; zona de transição quasevirtual que separa o útero em duas partes:

* O corpo: em forma de conoide, achatado da frente para trás;
* O pescoço: cilíndrico, ligeiramente inchado na sua parte média (Taghzouti, 2017).

Alguns autores descreveram a presença de uma terceira parte, criada pelo alongamento do istmo durante a gravidez; o segmento inferior, que é uma entidade anatómica e fisiológica que desaparece após o parto (Gérard et al, 1990).

A adnexa do útero consiste nos ovários e trompas de falópio (Figs. 1.1 e 2.1) localizados de cada lado do útero, aos quais estão ligados. Estes órgãos são unidos pelo ligamento largo e partilham a mesma vascularização e inervação (Kamina et al, 2006).

2. Anatomia da genitália feminina

Muitos aspectos da anatomia da função sexual da mulher permanecem pouco claros ou controversos (Graziottin e Gambini, 2015). Nesta secção, tentaremos simplificar os dados adquiridos em anatomia.

O tracto genital feminino consiste em (Graziottin e Gambini, 2015) :

<u>Órgãos genitais externos ou vulva:</u> localizados no lodge perineal superficial, entre o tecido celular subcutâneo e o diafragma urogenital (Jean Philippe et al, 2010).

<u>Órgãos genitais internos:</u> localizados dentro da cavidade pélvica e são: vagina, colo do útero, útero, trompas e ovários (Fig. 1.1) (Troglia, 2014).

2.1. Órgãos genitais externos (Vulva) :

A vulva compreende quatro entidades anatómicas (dobras tegumentares em forma de lábio, espaço mediano ou fenda vulvar limitada pelos lábia minora, órgãos erécteis e glândulas vulvo-vaginais) (Jean Philippe et al, 2010).

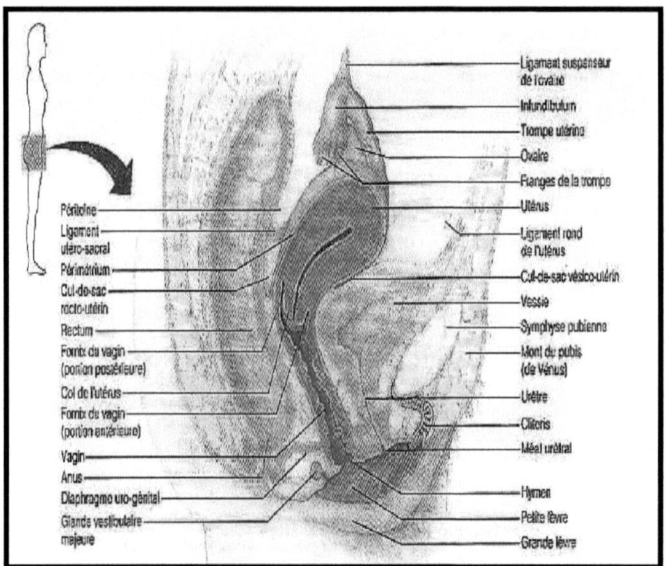

Fig. 2.1. Secção sagital mediana da pélvis feminina (Marieb, 1999)

2.1.1. Dobras integumentares

- O monte púbico, também conhecido como Monte de Vénus, é uma região triangular invertida (Graziottin e Gambini, 2015) e adiposa arredondada cobrindo a sínfise púbica (Marieb, 1999) com um ápice inferior situado entre a sínfise púbica e a comissura anterior da vulva. Coberto com pilosidade triangular a partir da puberdade e delimitado lateralmente pelas pregas inguinais, continua para cima através da parede abdominal (Fig. 2.1). É composto por uma espessa camada de gordura subcutânea (Bouhadef et al., 2016) e contém fibras elásticas provenientes da linha branca e da fáscia abdominal, que continuam através da espessura dos lábios maiores e estão ligadas ao ligamento suspensivo do clítoris (Jean Philippe et al., 2010).

- Os lábios maiores (Figs. 1.1 e 2.1) são duas dobras de pele adiposa alongadas de frente para trás que se encontram na parte inferior para formar a fourchette ou comissura labial anterior (Marieb, 1999; Jean Philippe et al, 2010; Graziottin e Gambini, 2015). As suas extremidades posteriores são unidas na comissura posterior (Bouhadef et al., 2016). Derivam do mesmo tecido embrionário que forma o escroto em humanos (Marieb, 1999). A sua superfície peluda é separada da coxa pela ranhura genito-crural, e as suas superfícies interiores são lisas e separadas dos lábios minora pela ranhura interlabial (Bouhadef et al, 2016).

- Os lábia minora são duas dobras de pele fina e sem pêlos, de 3 a 4 cm de comprimento, homólogas à superfície anterior do pénis, localizadas entre os lábia majora e que se estendem desde o clítoris para a frente até ao fourchette para trás (Marieb, 1999; Graziottin e Gambini, 2015). Encontram-se à frente ao nível do clítoris, que contornam para formar o capuz e atrás para se juntarem ao vulval fourchette (Bouhadef et al, 2016). A sua parte da frente divide-se um pouco antes do clítoris em duas folhas:

  - Posterior, que vai para a face posterior do clítoris, é aí inserido e forma, com o do lado oposto, o freio vulvar (do clítoris) cuja mobilização transmitida ao prepúcio participa na excitação mecânica do clítoris ;

  - Anterior, mais longo, que passa em frente do clítoris e forma o capuz do clítoris ou prepúcio com o clítoris do lado oposto (Jean Philippe et al., 2010).

A sua superfície vestibular interna responde à fissura vulvar. São ricas em glândulas sebáceas, fibras elásticas, tecido conjuntivo e tecido eréctil vascular, com um número considerável de receptores e terminações nervosas sensoriais (Figs. 1.1 e 2.1) (Graziottin e Gambini, 2015; Bouhadef et al, 2016).

2.1.2. A fenda vulvar

Ou espaço interlabial (ou canal vulval) é um espaço interlabial virtual que inclui de frente para trás: o vestíbulo, o meato uretral e o orifício inferior da vagina estreitado pelo hímen que fecha a introdução.

- O orifício vaginal está abaixo da abertura da uretra e caracteriza-se pela presença do hímen que é um septo incompleto (Graziottin e Gambini, 2015) dos quais quatro tipos foram descritos por Jean Philippe et al (2010): semi-lunar ou falciforme, anular, labial e cribriforme. É altamente vascularizado e sangra frequentemente quando rompido durante o primeiro coito (relação sexual). A resistência do hímen varia: pode por vezes quebrar-se durante o desporto, quando um tampão é inserido periodicamente ou durante um exame.

dos órgãos pélvicos. No entanto, o hímen pode ser tão espesso que torna impossível o coito, pelo que deve ser incisado durante a cirurgia (Marieb, 1999).

- O orifício uretral (terço inferior da uretra) é rodeado pelo tecido eréctil dos bolbos clitorais e é considerado em parte equivalente ao corpo esponjoso uretral masculino. Tem tanto uma função sexual como protectora (Graziottin e Gambini, 2015).

- O vestíbulo é uma covinha delimitada lateralmente pelos labia minora (Marieb, 1999), anteriormente pela glande clitorial e posteriormente pela comissura posterior (garfo) até ao seu bordo interior. É ocupada pelos orifícios da uretra e vagina, pelos bolbos vestibulares e pelas aberturas das glândulas vestibulares superiores (Fig. 1.1 e 2.1) (Graziottin & Gambini, 2015; Bouhadef et al., 2016).

2.1.3. Órgãos erécteis

Os órgãos erécteis são formados por um órgão mediano, o clítoris (homólogo ao pénis, ou mais precisamente o corpus cavernosum) e dois órgãos laterais: os bolbos vestibulares, cada um semelhante a metade do corpus spongiosum (Jean Philippe et al, 2010; Graziottin e Gambini, 2015).

- O clítoris é uma pequena estrutura saliente localizada em frente do vestíbulo e composta principalmente de tecido eréctil (Marieb, 1999). Os corpos cavernosos ou pilares do clítoris, dois em número, estão localizados na face mediana dos ramos isquio-púbicos. São fusiformes, de 3 a 4 cm de comprimento. Consistem em tecido eréctil areolar rodeado por uma albugínea, e coberto pelos músculos isquio-cavernosos (Jean Philippe et al., 2010). O clítoris (Fig. 2.1) é coberto pelo prepúcio, formado pela união dos lábia minora. É ricamente estimulada por terminações nervosas sensíveis ao tacto, e a estimulação táctil retira sangue e torna o clítoris erecto; isto contribui para a excitação sexual nas mulheres. Tal como o pénis, o clítoris tem corpos cavernosos, mas não tem um corpo esponjoso. As vias urinárias e genitais femininas são completamente separadas, e não passam pelo clítoris (Marieb, 1999).

- Os bolbos vestibulares recentemente rebaptizados "bolbos do clítoris" (Graziottin e Gambini, 2015) são semelhantes ao corpo esponjoso em humanos, mas estão divididos e localizados de ambos os lados do orifício vulval, encontram-se à frente e estendem-se até à base da glande (Jean Philippe et al, 2010; Graziottin e Gambini, 2015). Medem 35mm de comprimento, 15mm de largura e 10mm de espessura (Fig. 2.1). O seu tamanho varia de acordo com a idade e a frequência das relações sexuais. São ovóides com uma base posterior localizada entre a folha inferior do diafragma urogenital (fáscia perineal média) na parte superior, e a músculo esponjoso bulboso lateralmente e para baixo. Formam uma espécie de ferradura aberta para as costas, com cada ramo da ferradura a tocar a glândula vestibular maior (Bartholin) na parte de trás. A sua extremidade anterior fina une a linha média com a sua contraparte para formar a comissura bulbar na região vestibular entre o meato urinário e o clítóris. Deste extremo anterior emergem numerosas veias, formando uma rede venosa entre o bulbo, a glande e o clítoris (Jean Philippe et al., 2010).

2.1.4. Glândulas genitais femininas

- As glândulas mucosas de Bartholin, ou principais glândulas vestibulares, são duas glândulas simétricas localizadas na metade posterior do orifício vulvo-vaginal. O seu canal excretor de 1 cm de comprimento abre-se entre o terço médio e posterior no sulco ninfo-himenológico (Bouhadef et al, 2016) (Figs. 1.1 e 2.1). São homólogos às glândulas bulbo-uretrais nos humanos, e secretam um muco que humedece o vestíbulo para facilitar o coito (Marieb, 1999).

- As glândulas vestibulares menores incluem as glândulas sebáceas e sudoríparas espalhadas na superfície das formações labiais. Segregam uma substância espessa e esbranquiçada que lembra a smegma prepucial (Jean Philippe et al., 2010).

- As glândulas uretrais e peri-uretrais compõem a "próstata feminina". Funcionam em paralelo com a uretra. Cada fila tem de três a dez vagas. São maiores e mais numerosas nas proximidades do meato, atingindo até 3 mm de comprimento. A sua extremidade situa-se no córion ou nos musculados (Jean Philippe et al., 2010).

- As glândulas para-uretrais ou glândulas Skene estão localizadas de ambos os lados do meato uretral e drenam através de dois canais abertos de ambos os lados do meato uretral (Marieb, 1999; Jean Philippe et al, 2010).

2.2. Órgãos genitais internos

2.2.1. Vagina

A vagina é um ducto musculomembranoso estranho, com 8 a 10 cm de comprimento, localizado entre a bexiga e o recto e estendendo-se entre a vulva e o colo do útero. Este órgão permite a saída do bebé durante o parto e o fluxo de líquido menstrual (Figs. 1.1 e 2.1). É também o órgão da cópula nas mulheres, uma vez que recebe o pénis (e o esperma) durante as relações sexuais. A vagina estica-se consideravelmente durante o coito e o parto, mas a sua extensão lateral é limitada.

por espinhas isquiáticas e ligamentos sacroespinhosos (Marieb, 1999; Graziottin e Gambini, 2015). Inicialmente pélvico, atravessa a botoeira dos músculos do elevador do ânus antes de se tornar perineal. A sua extremidade superior queimada ou cúpula vaginal é inserida à volta do colo do útero. A extremidade inferior abre-se no fundo do vestíbulo ao nível do hímen. O recesso formado pela presença do colo do útero é chamado de fornix vaginal, que envolve vagamente o colo do útero (Marieb, 1999).

2.2.2. Útero

É o órgão de nidação. Consiste em a:

- A <u>parte superior, o corpo, a</u> parte superior inchada que forma a parte inferior, aberta ao nível das duas trompas uterinas através das duas pequenas aberturas das trompas de falópio.

- <u>Parte inferior,</u> cilíndrica **do istmo** em continuidade com o pescoço (Kohler, 2011).

O útero é esvaziado com uma cavidade que é achatada da frente para trás. Ao nível do corpo, a cavidade é triangular e as suas duas paredes, anterior e posterior, estão unidas (Fig. 2.1). A parede uterina tem três túnicas que são, de dentro para fora, a mucosa endometrial, a túnica muscular ou miométrio e a túnica serosa ou peritoneal. O útero é irrigado principalmente pelas artérias uterinas (Bouhadef et al, 2016). A forma, tamanho, características anatómicas e funcionais do útero variam de acordo com diferentes períodos de vida e circunstâncias (pré-pubescência, menstruação, gravidez, menopausa). Os níveis de estrogénio, progesterona e testosterona em diferentes fases da vida modulam as suas alterações anatómicas e funcionais (Graziottin e Gambini, 2015).

2.2.3. Cervix

O colo do útero dá inserção ao nível do fórnix à vagina cujas duas paredes anterior e posterior atravessam o períneo. Prolonga-se para o fundo vaginal (Ramanah e Parratte, 2013). Esta é a parte que é claramente visível no colposcópio (Figs. 1.1 e 2.1). Ao contrário de vários autores, segundo Bouhadef et al (2016) faz parte da genitália externa descrita acima. O colo do útero tem duas partes: a ectocérvix e a endocérvix (Baillet, 2015). A parte do colo do útero que segue o istmo está localizada na parte inclinada da cavidade peritoneal, entre a bexiga à frente e o recto atrás, com a qual forma o cul-de-sac de Douglas (Bouhadef et al, 2016).

2.2.4. Uterina (Fallopian) Trompa de Falópio

Onde o esperma e o óvulo se encontram. Estendem-se a partir dos ângulos superiores posteriores deo útero (chifres uterinos) para os ovários (Fig.1.1). Têm 8 a 10 cm de comprimento e 6 a 8 cm de comprimento.

mm de diâmetro. Estão divididos em quatro partes: intersticial, istámica, ampular e infundibular com fimbria (Graziottin e Gambini, 2015; Bouhadef et al, 2016).

2.2.5. Ovários

Têm uma forma ovóide e têm cerca de 3 cm de altura, 2 cm de largura e 1 cm de espessura. Os dois ovários estão ligados ao útero pelo ligamento utero-ovariano e ao flanco pélvico pelo ligamento infundíbulo pélvico. Cada ovário é constituído por uma medula interna e um córtex externo com folículos e um estroma (Graziottin e Gambini, 2015; Bouhadef et al, 2016). O estroma ovariano contém os óvulos que estão em repouso ou em maturação. Também contém células especializadas que produzem várias hormonas (Bouhadef et al, 2016).

3. Vascularização e inervação

3.1 Artérias

3.1.1. Artéria uterina

Artéria principal do útero, tem origem ou apenas na artéria ilíaca interna ou através de um tronco comum com a artéria umbilical (40% dos casos) (Kamina et al, 2006; Ramanah e Parratte, 2013) e dá ramos colaterais:

• Ramos vesico-vaginais: antes de cruzar com o ureter.

• Uma artéria cervico-vaginal: surge após atravessar o ureter e destina-se à parte inferior do colo do útero.

• Numerosos ramos flexuosos para o colo do útero e corpo do útero (Fig. 3.1) (Ramanah e Parratte, 2013).

Termina no corno do útero, divide-se em dois ramos que anastomose com os ramos homólogos da artéria ovariana (Kamina et al, 2006) e dá três ramos terminais:

• Artéria retrógrada do fundo uterino.

• Artéria tubária medial.

• Artéria ovariana medial (El Hadjadji, 2018).

3.1.2. Artérias vaginais (duas a três)

Nasce a artéria ilíaca interna ou incidentalmente a artéria uterina, vaginal e hemorroidal ou a artéria rectal média (Bouhadef et al, 2016). Eles viajam através do ligamento cardinal (paramétrio e/ou paracervix) para vascularizar as paredes vaginais anterior e posterior (Fig. 3.1) (Ramanah e Parratte, 2013).

3.1.3. Vascularização da vulva

Os vasos sanguíneos provêm dos vasos da vergonha externos e internos (Fig. 3.1) (Bouhadef et al, 2016).

3.1.4. Artérias Acessórias

- Artéria ovariana; o ovário é irrigado pelas artérias ovariana e uterina;
- Artéria do ligamento redondo, proveniente da artéria epigástrica inferior (El Hadjadji, 2018).

3.1.5. Outros

- Os tubos são irrigados pelas artérias tubárias (Bouhadef et al, 2016);
- A artéria **pudendo** interna termina no ligamento transverso do períneo, dando as artérias profundas e dorsais do clítoris (Ramanah e Parratte, 2013).

3.2. Veias

São satélites das artérias. As veias provenientes das diferentes túnicas e especialmente dos musculados formam uma rede venosa plexiforme na superfície uterina, que drena de cada lado do útero para os plexos venosos localizados ao longo das bordas laterais do útero. O sangue proveniente destes plexos ricamente anastomosados drena para os troncos hipogástricos através das veias uterinas (Fig. 3.1) (Kamina et al, 2006; Bouhadef et al, 2016).

3.3. Linfáticos

Os vasos linfáticos do útero (Fig. 3.2) consistem em dois conjuntos, superficiais no peritoneu e profundos no interior do órgão (Graziottin e Gambini, 2015). Os linfáticos do corpo terminam nos gânglios linfáticos lombares. Os vasos linfáticos do colo do útero viajam para os nós ilíacos e hipogástricos externos. Os da vulva terminam nos gânglios linfáticos inguinais (Bouhadef et al, 2016).

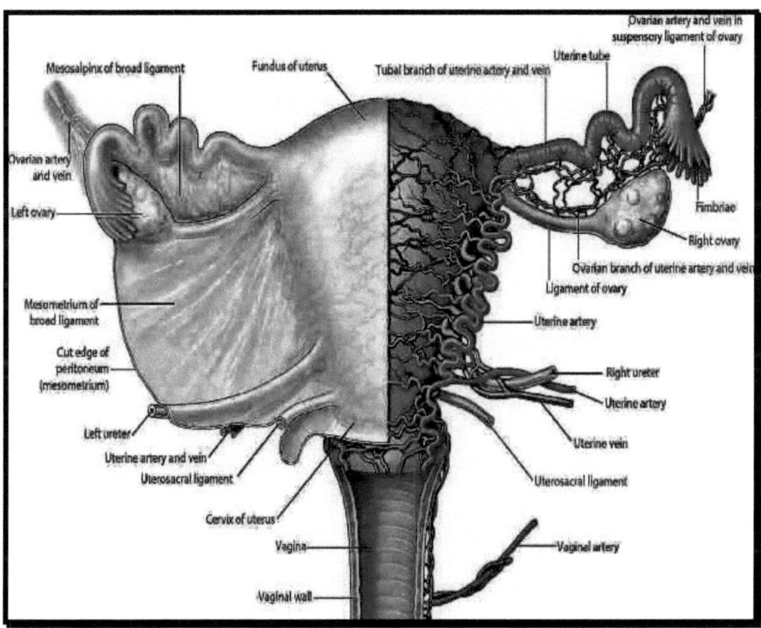

Fig. 3.1. Vascularização do útero (Drake et al, 2020)

Os vasos linfáticos do períneo e da genitália externa seguem o caminho dos vasos pudendos externos e terminam nas glândulas inguinais e subterminais superficiais. Os dos ovários ascendem com a artéria ovariana até às glândulas laterais e pré-aórticas (Graziottin e Gambini, 2015).

3.4. Innervation

A inervação dos órgãos genitais internos é proporcionada principalmente pelo sistema nervoso autónomo (Meirinha e Barros, 2015). Provém principalmente do plexo hipogástrico inferior (Fig. 3.3), que é complementado pelas redes simpáticas que acompanham as artérias do útero.

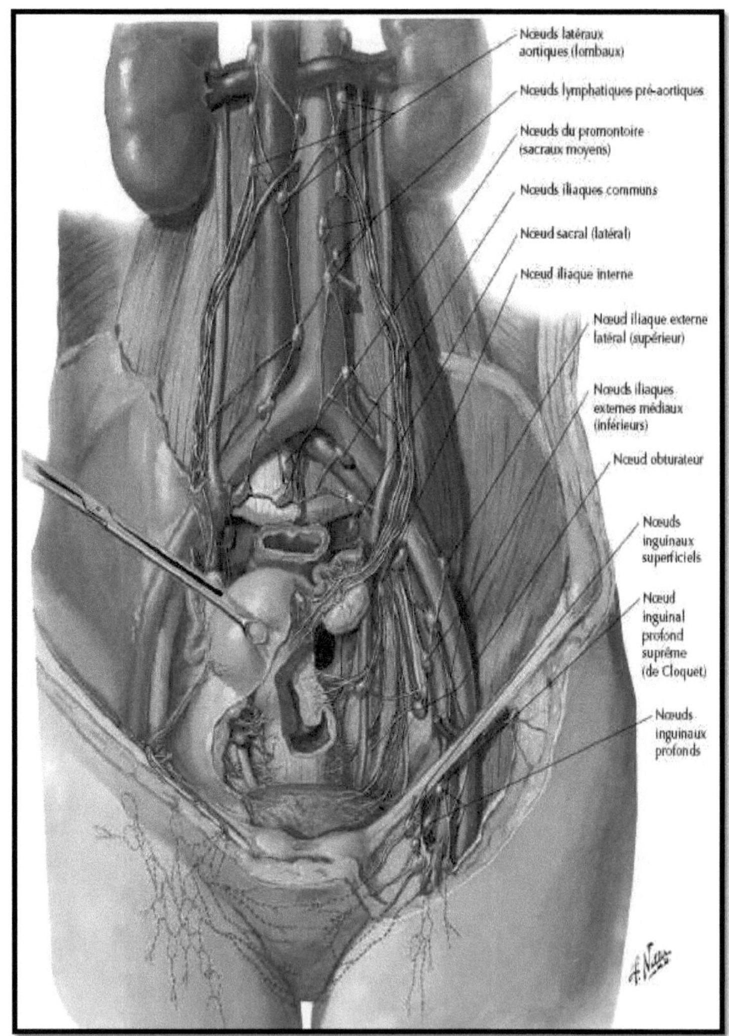

Fig. 3.2. Vasos pélvicos e genitais femininos e gânglios linfáticos (Netter, 2015)

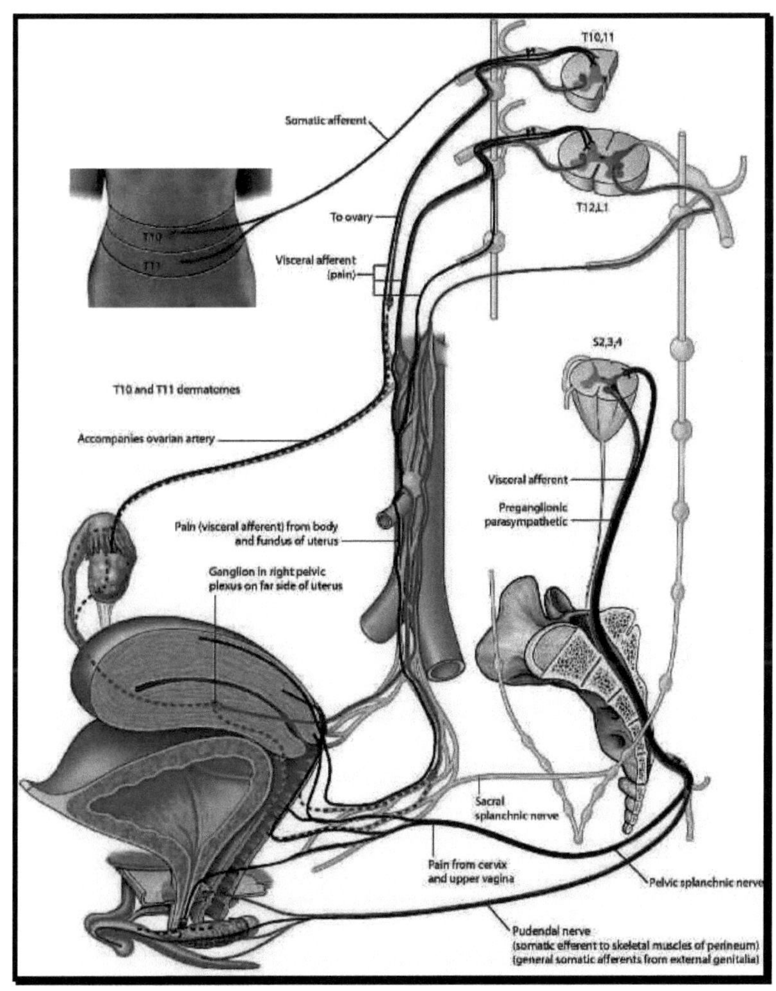

Fig. 3.3 Inovação do Sistema Reprodutor Feminino (Drake et al, 2020)

4. Histologia do tracto genital

Por razões de restrição do nosso estudo às partes do útero sem o ovário, não iniciaremos a descrição histológica do ovário neste capítulo.

O tracto genital feminino apresenta variações morfológicas, cíclicas e dependentes de hormonas desde a puberdade à menopausa (Kohler, 2011; Taghzouti, 2017).

4.1. Tubo uterino

São duas condutas musculo-membranosas com cerca de 12 cm de comprimento, compostas por quatro porções; desde a ponta até ao útero :

1● O pavilhão, queimado e margeado por baixo do ovário;

2● A lâmpada, dilatada, segue o pavilhão;

3● O istmo, parte do meio ;

4● O segmento intramural ou parte intersticial, localizado na espessura da parede uterino (Kohler, 2011; Tachdjian et al, 2016).

Estrutura histológica :

Três túnicas:

    a. Mucosa: Lúmen irregular, recortado (Fig. 4.1) delimitado por um simples epitélio cilíndrico (prismático) composto por dois tipos de células :

    ○ Células capilares, que são mais numerosas durante o período ovulatório e cujas As batidas variam em função da fase do ciclo ;

    ○ Células secretoras glandulares chamadas células intercalares quando têm um aspecto estreito saliente na luz: síntese de grãos de secreção na 1ª fase do ciclo e depois excreção durante a 2ª fase (Kohler, 2011);

Debaixo do epitélio: lâmina basal e depois córion formado por tecido conjuntivo solto, células musculares lisas, capilares sanguíneos e terminações nervosas (Kohler, 2011; Tachdjian et al, 2016).

    b. Muscular: Duas camadas de células musculares lisas: camada interior circular, camada exterior longitudinal da qual é :

    ○ Muito espesso no istmo;

    ○ Muito ricamente vascularizado no momento da ovulação, a dilatação vascular permite que o ovário seja rígido e próximo um do outro;

    ○ A peristaltismo varia de acordo com a fase do ciclo: movimentos activos durante a ovulação (Kohler, 2011).

c. Serosa: tecido conjuntivo coberto por uma serosa peritoneal (Kohler, 2011). O pavilhão (extremidade livre do tubo), tem uma franja feita de prolongamentos.

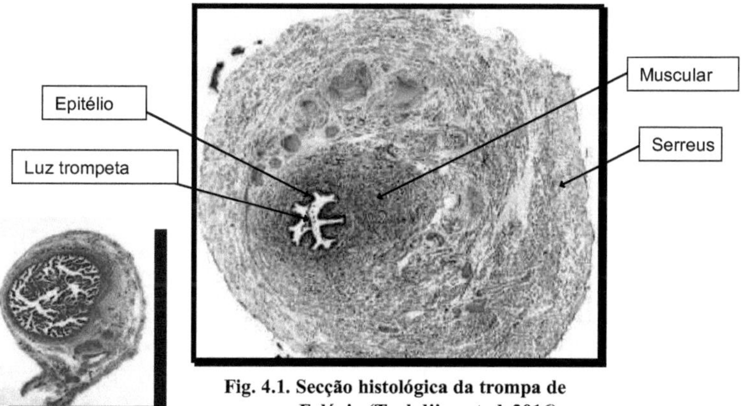

Fig. 4.1. Secção histológica da trompa de Falópio (Tachdjian et al, 2016).

digitiforme (Fig. 2.1). Ao nível do istmo tubário, o lúmen da trompa de Falópio diminui gradualmente e as dobras da mucosa tornam-se raras (Tachdjian et al, 2016).

4.2. Útero

A cavidade uterina é revestida pelo revestimento do útero, ou endométrio. O aparecimento do endométrio e das glândulas uterinas varia de acordo com as fases do ciclo menstrual. As alterações morfológicas no endométrio estão sob o controlo do estrogénio e da progesterona segregada pelo ovário, e dos factores de crescimento e enzimas sintetizadas por estas hormonas (Bergeron, 2006). Estas mudanças estruturais caracterizam o útero e aplicam-se a quase todos os níveis histológicos deste órgão. Entre estas mudanças:

o Espessura endometrial de 1 a 7 mm ao nível do corpo (Kohler, 2011) ;

o Degeneração cíclica e regeneração das artérias helicoidais que irrigam o endométrio (Tachdjian et al, 2016);

o Mucosa de istmo rasa com alterações cíclicas (Kohler, 2011).

Estrutura histológica

a. Membrana mucosa ou endométrio

O endométrio é constituído por três camadas celulares (Fig. 4.2), a camada compacta, a camada esponjosa e a camada basal. A camada basal é a camada mais profunda do endométrio.

o endométrio que persiste após a descamação do endométrio durante a menstruação (Tachdjian et al, 2016). O endométrio é caracterizado por :

1● Epitélio cilíndrico composto por células capilares e células glandulares ;

2● Invaginação do epitélio no córion subjacente formando as glândulas tubulares a partir da 20ª semana embrionária (Bergeron, 2006). Durante a fase de proliferação, estas glândulas tornam-se alongadas e sinuosas (glândulas tubulares contornadas) (Fig. 4.2) e são preenchidas com glicogénio (Kohler, 2011; Tachdjian et al., 2016).

b. Músculo ou miométrio caracterizado por :

1● Camada mais espessa, organizada em túnicas plexiformes ;

2● Feixes de fibras musculares lisas agrupadas em 4 camadas mal definidas ;

3● Inovação adrenérgica cuja estimulação produz uma contracção das células musculares do corpo e um relaxamento das células musculares do istmo durante o período de gestação ;

4● Aumento muito grande do tamanho (aumento do número de células músculos) (Kohler, 2011; Tachdjian et al, 2016) ;

5● O miométrio contém muitos vasos sanguíneos (Tachdjian et al, 2016).

c. Seroso ou adventício: constituído por tecido conjuntivo denso coberto por serosa peritoneal (Kohler, 2011).

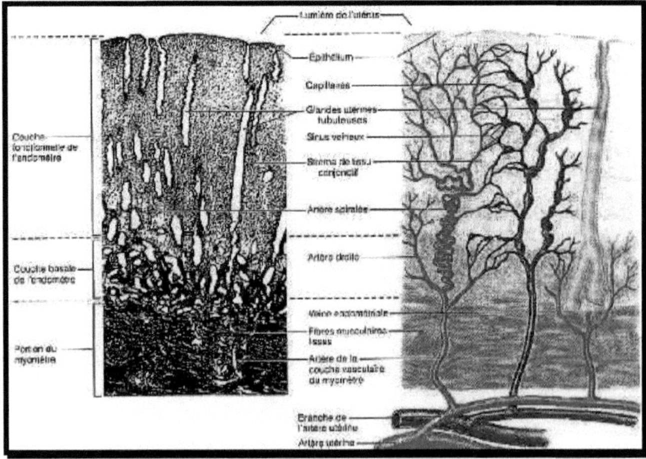

Fig. 4.2. Estrutura histológica e fornecimento de sangue do endométrio (Marieb, 1999).

4.3. Col

a. Ectocervix revestido com um epitélio escamoso não queratinizado (escamoso estratificado), este epitélio é idêntico e em continuidade com o epitélio de revestimento vaginal (Fig. 4.3.a). O ectocervix tem o os externo na sua parte central (Fig. 4.3.b) (Baillet, 2015).

b. Endocervix ou canal endocervical a parte do canal cervical que não é espontaneamente visível no exame do espéculo (Bouhadef et al, 2016). Liga o os externo ao istmo uterino. É revestido com um epitélio glandular simples eecretor de mucosa. Este epitélio invagina no córion subjacente para formar as glândulas endocervicais que secretam o muco (Fig. 4.3.b) (Baillet, 2015; Tachdjian et al, 2016).

c. Os cervicais externos que são bastante anatómicos e podem, portanto, ser cobertos. pelo epitélio escamoso ou pelo glandular (Bouhadef et al, 2016).

d. A **zona de junção** escamo-colunar ou escamo-colunar-cilíndrica é estritamente histológica e é definida como o local onde o epitélio escamoso escamoso multicamadas não-ceratinizado e o epitélio colunar endocervical não-certificado se confrontam formando um relevo resultante de

- da transição de epitélio escamoso exocervical para epitélio glandular endocervical - que ocorre abruptamente (Fig. 8.a) tornando esta linha de demarcação óbvia para o colposcopista e patologista. É idealmente confundido com os os cervicais externos definidos acima (Baillet, 2015; Bouhadef et al, 2016). Pode por vezes ser encontrado no endocervix, até não ser visível no exame clínico, e colposcopicamente nos orifícios cervicais fechados que são frequentes durante a menopausa, deficiência de estrogénio e tratamentos de progestogénio em doses terapêuticas. Na mulher idosa, a APP passa para o endocervix (Bouhadef et al, 2016).

Durante o período de actividade genital, sob a influência de factores hormonais, há uma tendência fisiológica para a eversão do epitélio glandular. Esta área evaporada será submetida a metaplasia escamosa, ou seja, substituição do epitélio glandular por um epitélio escamoso de arquitectura normal (Baillet, 2015). Graziottin e Gambini (2015) concentram-se numa recente descoberta proposta por Herfs e Vargas em 2013, que identifica a zona de junção squamo-cervical como um local contendo uma população de células "embrionárias" como células de origem para o cancro do colo do útero.

e os seus precursores. Foi demonstrado que, no início da vida, foram observadas células epiteliais cervicais embrionárias em todo o colo do útero, tendo depois diminuído em número para se concentrarem na junção em adultos. As células embrionárias cubóides dão origem a células metaplásicas (reserva) basais subjacentes com uma mudança de um estado imunofenotípico positivo para um estado imunofenotípico negativo na área.

4.4. Vagina

Canal musculomembranoso formado por uma membrana mucosa e uma túnica muscular rodeada por uma erva daninha (Kohler, 2011).

- **a. Mucosa:** epitélio escamoso estratificado não queratinizado que repousa sobre uma rede vascular extremamente rica integrada no tecido conjuntivo chamado **lamina propria** (Graziottin e Gambini, 2015), é capaz de resistir ao atrito. A membrana mucosa é constituída por várias camadas de células, sofrendo variações cíclicas e com dobras transversais chamadas rugas vaginais:

✓ Camada basal ou germinativa: a camada mais profunda formada por células arredondadas com núcleos aumentados e citoplasma basofílico;

✓ Parabasal ou camada basal externa: células maiores do que anteriores;

✓ Camada intermédia: várias camadas rômbicas, poligonais, achatadas;

✓ Camada superficial: 3 a 4 camadas de células achatadas no núcleo picnótico. Os mais superficiais têm um citoplasma eosinófilo (Marieb, 1999; Bouhadef et al., 2016).

Marieb (1999) observou que há autores que acreditam que algumas das células desta mucosa (células dendríticas) actuam como células que apresentam antigénio e constituem uma via de transmissão do VIH durante o sexo com um homem seropositivo. As células epiteliais libertam grandes quantidades de glicogénio, que as bactérias residentes na vagina convertem em ácido láctico durante o metabolismo anaeróbico. É por isso que o pH da vagina é normalmente bastante ácido e protege a vagina de infecções, mas é também prejudicial para o esperma (Marieb, 1999).

- **b. Musculatura média:** duas camadas de células musculares lisas: uma camada circular interna e uma camada externa longitudinal (Marieb, 1999; Bouhadef et al, 2016).

c. **Adventício:** tecido conjuntivo fibroso ou camada externa fibroelástica (colagénio e elastina) (Marieb, 1999; Bouhadef et al, 2016).

4.5. Vulva

● O vestíbulo: localizado entre os labia minora; recebe o meato urinário e é coberto com um epitélio escamoso estratificado;

● Glândulas de Bartolin: localizadas no vestíbulo de cada lado da vagina e formadas por glândulas tubulo-acinares, dependentes de hormonas;

● O labia minora: coberto por um epitélio escamoso estratificado e numerosas glândulas sebáceas e sudoríparas com um eixo conjuntivo esponjoso rico em inervação sensível ;

● Lábia majora: revestida com um epitélio escamoso estratificado queratinizado rico no seu lado exterior em folículos capilares, glândulas sebáceas e glândulas sudoríparas. Contém também um eixo conjuntivo rico em células adiposas.

● O clítoris: coberto com um epitélio escamoso estratificado com dois corpos cavernosos na sua parte mais profunda (Kohler, 2011).

5. Lembretes fisiológicos

O útero está receptivo ao embrião apenas durante um período muito curto de cada mês, sendo este curto intervalo exactamente o momento em que o embrião em desenvolvimento implanta normalmente no útero, cerca de sete dias após a ovulação. Isto implica a noção de uma série de mudanças fisiológicas que assumem o aspecto de um ciclo. O ciclo menstrual (uterino) é a série de alterações cíclicas que o endométrio sofre todos os meses em resposta a alterações nos níveis sanguíneos de hormonas ovarianas. Estas mudanças são coordenadas com as fases do ciclo ovariano (Marieb, 1999).

5.1. O ciclo sexual feminino

5.1.1. O Ciclo Uterino

Há três fases principais no ciclo uterino:

5.1.1.1. Duas fases têm lugar durante a fase folicular (D1-J13) A fase menstrual (D1-J5): o endométrio que já não é mantido pelos desquamatos de progesterona, excepto ao nível da sua camada profunda. A espessa camada funcional do endométrio separa-se da parede uterina, um processo que causa hemorragias que duram três a cinco dias. O sangue e o tecido solto que flui para a vagina é chamado fluxo menstrual, ou menstruação. No final desta fase, os folículos começam a secretar mais estrogénio (Fig. 5.1) (Marieb, 1999; Troglia, 2014).

A fase regenerativa e proliferativa (J6-J14): o endométrio, que foi destruído quase inteiramente durante a menstruação (por vários milímetros), é reconstituído e engrossado (Troglia, 2014) sob a influência do aumento dos níveis de estrogénio, a camada basal do endométrio gera uma nova camada funcional. À medida que esta nova camada engrossa, as suas glândulas aumentam e as suas artérias em espiral tornam-se mais numerosas (Figs. 5.1.B e 5.1.C). Como resultado, o endométrio torna-se aveludado, espesso e bem vascularizado novamente (Fig. 5.1.D). Durante a fase proliferativa, o estrogénio também provoca a síntese dos receptores de progesterona nas células endometriais, o que as prepara para interagir com a progesterona secretada pelo corpo lúteo.

O muco cervical é normalmente espesso e pegajoso, mas o estrogénio torna-o claro e cristalino. Forma então canais que facilitam a passagem do esperma para o útero (Mariebe, 1999).

5.1.1.2. Ovulação (J14)

A ovulação ocorre no ovário no final da fase proliferativa (dia 14), em resposta à libertação abrupta de LH da hipófise anterior após a ruptura do folículo maduro e expulsão do oócito (Fig. 5.3). LH converte subsequentemente o folículo rompido num corpus luteum (Marieb, 1999; Troglia, 2014).

5.1.1.3. Uma fase de secretariado que corresponde à fase luteal (J15 - J28)

Todos os fenómenos da fase de secretariado são produzidos por progesterona. Durante esta fase, o endométrio prepara-se para a implantação de um embrião. O aumento do nível de progesterona secretada pelo corpo lúteo actua sobre o endométrio sensibilizado pelo estrogénio, as artérias espirais desenvolvem-se e enrolam-se mais firmemente, a camada funcional transforma-se numa mucosa secretora (Figs. 5.1.D e 5.1.E). As glândulas uterinas aumentam, enrolam-se e começam a secretar glicogénio (Marieb, 1999), a membrana mucosa tem uma aparência de renda conhecida como (renda uterina) (troglia, 2014), rica em nutrientes (Fig. 5.1.E), na cavidade uterina. Estes nutrientes apoiam o embrião até que este se tenha implantado na mucosa altamente vascularizada.

O aumento do nível de progesterona (Fig. 5.3) também restaura o muco cervical à sua consistência viscosa, formando um tampão de muco que impede a entrada de permatozoides e torna o útero um local mais "íntimo" para o início da implantação do embrião, se este for implantado. O aumento dos níveis de progesterona (e estrogénio) inibe a libertação de LH da adenohypophysis (Marieb, 1999).

Se não ocorrer fertilização, o corpo lúteo começa a degenerar no final da fase de secretoria, quando o nível sanguíneo de LH diminui. A queda da progesterona priva o endométrio do seu suporte hormonal, e as artérias em espiral tornam-se torcidas e espasmadas. As células endometriais, privadas de oxigénio e nutrientes, começam a morrer. No momento da ruptura dos lisossomas, a camada funcional começa a auto-digestão e a menstruação pode começar no dia 28. As artérias helicoidais contraem-se uma última vez e depois relaxam abruptamente, proporcionando uma irrigação generosa ao endométrio. O sangue jorra então para os leitos capilares enfraquecidos, fragmentando-os e causando a descamação da camada funcional. Este é o primeiro dia de um novo ciclo menstrual (Marieb, 1999).

O último autor fez a pergunta, porque é que o corpo de uma mulher não armazena os tecidos, sangue e nutrientes (especialmente ferro) que eles provocam para o ciclo seguinte? Ela encontrou a resposta em Maggie Profit, da Universidade da Califórnia em Berkeley, esta última oferece um ponto de vista radicalmente novo e controverso. O útero é um receptáculo acolhedor para bactérias e vírus transportados pelo pénis e esperma de um homem. desta observação. A hipótese de lucro considera que a menstruação é uma forma enérgica para o corpo limpar o útero. Portanto, o sangue menstrual não só elimina um endométrio potencialmente contaminado por agentes patogénicos, como também é carregado com macrofagócitos que desempenham um papel protector. Além disso, uma vez que o sangue menstrual é desprovido de factores de coagulação, a limpeza do útero seria o objectivo da menstruação e não um resultado secundário.

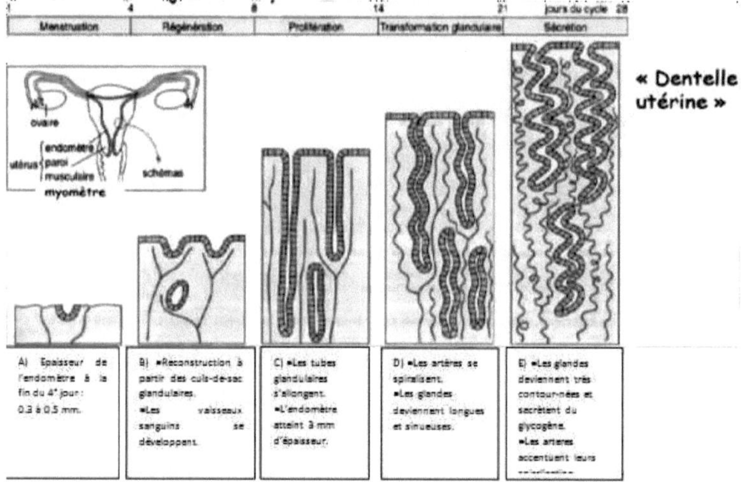

Fig. 5.1. Phases successives caractérisent l'évolution de l'endomètre ou muqueuse utérine durant les 28 jours du cycle (IPLH, 2012)

5.1.2. O ciclo ovariano

O início e cessação da foliculogénese e ovogénese ocorrem durante a vida fetal até à puberdade. A maturação folicular começa já no 3º mês de vida.

fetal. No 6º mês, o estoque celular consiste apenas em oócitos de 1ª ordem (I oócitos contidos em folículos primordiais). A folicululogénese começa durante a vida embrionária da mulher e através da multiplicação das células estaminais ou oogénese por mitose. Estas células acumulam reservas e tornam-se oócitos I bloqueados na fase I da prófase I da meiose.

Ao nascer, os ovários contêm cerca de 400.000 oócitos I (diplóides, prófase I bloqueados), principalmente folículos primários com oócitos I bloqueados na prófase I. A meiose não é retomada até muito mais tarde, apenas algumas horas antes de cada ovulação.

Desde a puberdade até à menopausa, a cada 28 dias, emerge da piscina um folículo dominante (terciário) e evoluirá até à ovulação (Fig. 5.2). Os outros folículos entram atresia. Em cada ciclo, um dos dois ovários liberta um gameta, o oócito II. O ciclo ovariano começa com o primeiro dia de menstruação ou "menstruação".

24

- A primeira fase do ciclo ovariano é a fase folicular;

- Início do ciclo ovariano: "folículo secundário" ou "pré-antral";

- Dia 7 do ciclo ovariano: "folículo terciário" ou "cavidade";

- Ovulação em média no dia 14, 36 horas após o pico do LH;

- A fase luteal segue-se, tem uma duração estável de 13 a 14 dias;

- Se não houver fertilização, o corpo lúteo regride rapidamente no final do ciclo (dia 25-28);

- Se ocorrer fertilização, o corpus luteum será mantido durante os primeiros seis meses de gravidez por hCG (análogo LH) (Troglia, 2014).

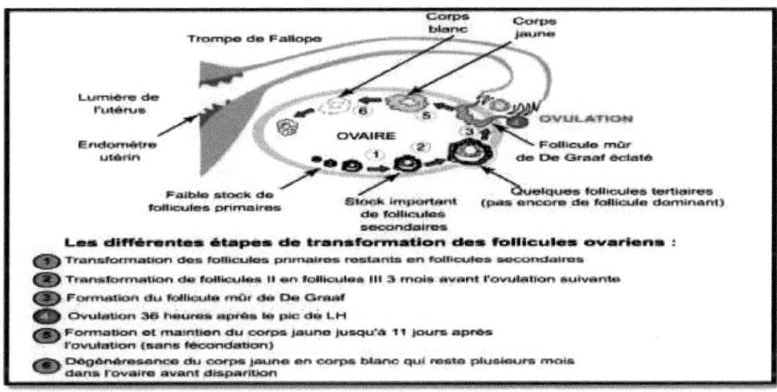

Fig. 5.2. Les différentes étapes de la folliculogenèse chez la femme pubère
(Troglia, 2014)

5.2. Regulação hormonal

O ciclo menstrual, o ciclo ovariano e outras alterações associadas à puberdade nas mulheres são (Fig. 5.3) regulados por uma hormona que regula o hipotálamo, a hormona libertadora de gonadotrofinas (GnRH).

O GnRH estimula a libertação da hormona estimulante do folículo (FSH) a partir da adenohypophysis, o FSH estimula o desenvolvimento inicial dos folículos ovarianos e a secreção de estrogénio pelos folículos (Pike et al, 2014). Nas mulheres em pré-menopausa, com ovulação normal, os níveis de estrogénio e progesterona são mantidos até à menopausa. Nestas mulheres, a principal fonte de estradiol é o ovário, sob o controlo do FSH e da inibição produzida na hipófise, e, em menor grau, pelo adrenais e precursores dos andrógenos ovarianos. Os níveis de estradiol e progesterona diminuem drasticamente na menopausa quando cessa a ovulação (Meirinha e Barros, 2015).

O GnRH também estimula a libertação de outra hormona da adenohypophysis. A hormona luteinizante (LH), que estimula o desenvolvimento posterior dos folículos ovarianos, provoca a ovulação e estimula a produção de estrogénio, progesterona e relaxina pelas células ovarianas. (Pike et al, 2014).

5.2.1. Estrogénio

que são hormonas de crescimento, têm três funções principais:

- A primeira é o desenvolvimento e manutenção das estruturas endometriais do útero. As características sexuais secundárias incluem uma distribuição de gordura no peito e abdómen e uma distribuição característica do cabelo.

- A segunda função dos estrogénios é a regulação do balanço hídrico.
  electrólito.

- O terceiro, níveis elevados de estrogénio no sangue inibem a libertação de GnRH do hipotálamo, que por sua vez inibe a secreção de FSH pela adenohypophysis. (Tortora, 1990).

5.2.2. Progesterona

Segregado pelo corpo lúteo e depois pela placenta se a fertilização ocorrer:

- Promove a implantação e manutenção da gravidez através da regulação do espessamento do endométrio.

- Inibe a libertação de GnRH, FSH e LH para impedir o desenvolvimento
  outros folículos (Pike et al, 2014).

5.2.3. O relaxin

Exerce a sua acção para o fim da gravidez. Permite o afrouxamento da sínfise púbica e favorece a dilatação do colo do útero para facilitar o parto. Esta hormona também desempenha um papel no aumento da motilidade espermática (Tortora, 1990).

5.2.4. Oxitocina

A oxitocina, uma hormona polipéptida, é produzida por neurónios no hipotálamo, depois armazenada na glândula pituitária posterior, antes de ser secretada pulsátil para a corrente sanguínea sob o efeito de estímulos hipotalâmicos. Estimula a contracção da fibra muscular lisa uterina no final da gestação (Sherwood, 2006).

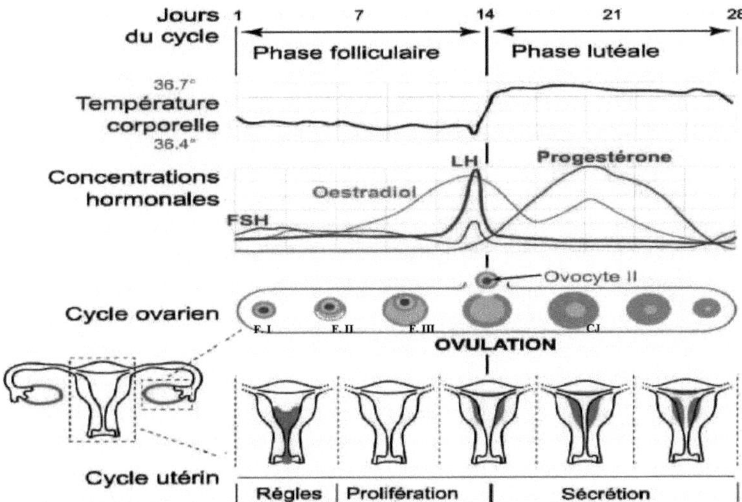

Fig. 5.3. Superposição das secreções hormonais sexuais e ciclos ovarianos e uterinos nas mulheres (Troglia, 2014)

27

INFORMAÇÃO GERAL SOBRE TUMORES

1.   Introdução

A informação sobre padrões de cancro e carga é valiosa para a formulação de políticas e planeamento de serviços de saúde para um controlo eficaz do cancro. Ao ritmo actual, adverte a OMS, o mundo irá experimentar um aumento de 60% nas próximas duas décadas, sendo os países em desenvolvimento as principais fontes de novos casos. Dos 18,1 milhões de novos casos de cancro estimados e 9,6 milhões de mortes por cancro em todo o mundo até 2018, cerca de 8,6 milhões de casos e 4,1 milhões de mortes ocorrem em mulheres (OMS, 2020).

O número estimado de novos casos de cancro na região do Norte de África é de 279.100 em 2018 (GLOBOCAN, 2018).

A série ACRI sobre a incidência de cancro nos cinco continentes, GLOBOCAN e a base de dados da OMS são as principais fontes de padrões e fardos de cancro a nível mundial (Sankaranarayanan et al, 2013). No entanto, os números da Sociedade Americana do Cancro (ACS), Relatório do Desenvolvimento Humano, e do Programa das Nações Unidas para o Desenvolvimento podem ser de grande valor (ACS, 2018).

Antes de iniciar a revisão da contribuição da literatura em cancerologia uterina, ele parece necessário para esclarecer algumas noções e generalidades sobre tumores.

2.   Situação do cancro na Argélia

2.1. Situação geral

A Argélia pertence ao grupo de países com um elevado Índice de Desenvolvimento Humano (IDH) (ACS, 2018), de acordo com o quadro abaixo (Quadro 1). As neoplasias malignas são consideradas como a segunda principal causa de morte a nível mundial e na Argélia.

Quadro 1. Principais causas de morte no mundo e em países com um elevado índice de desenvolvimento humano (IDH), incluindo a Argélia em 2016 por milhão (ACS, 2018)

	A uma escala global			IDH elevado		
	Posição	Mortos%.		Posição	Mortos%.	
Doenças cardiovasculares	1	17.9	31%	1	6.9	41%
Neoplasias malignas	**2**	**9.0**	**16%**	**2**	**3.5**	**20%**
Doenças Infecciosas e Parasitárias	3	5.5	10%	11	0.4	2%
Doenças respiratórias	4	3.8	7%	3	1.3	7%
Lesões involuntárias	5	3.4	6%	4	1.0	6%
Infecções respiratórias	6	3.0	5%	8	0.5	3%
Todas as causas		56.9			17.0	

Fonte: ACS, 2018. Também disponível em https://gco.iarc.fr/

Na Argélia, a OMS conta 53076 novos casos de cancro em 2018, entre os quais 29112 casos
e 13391 mortes entre mulheres (Quadro 2) (GLOBOCAN, 2018). Em 2014, o INSP contou
cerca de 45.000 novos casos de cancro com 24.000 mortes (PNC, 2014).

Quadro 2. Número estimado de novos casos de cancro em 2018 na Argélia (GLOBOCAN,
2018)

CID	Cancro	Ambos sexos		Mulheres	
		Número de casos	Número de mortes	Número de casos	Número de mortes
C00-97	Todos os cancros	53076	29453	29112	13391
C50	Peito	11847	3367	11847	3367
C18-21	Colorectum	5537	3027	2627	1343
C33-34	Pulmão	3835	3826	564	523
C67	Bexiga	2938	1379	433	234
C61	Próstata	2578	1033	//	
C16	Estômago	2241	2001	868	740
C73	Tiróide	2103	261	1714	173
C82-86, C96	Linfoma não-Hodgkin	1716	932	747	417
C70-72	Cérebro, sistema nervoso central	1686	1326	783	585
C53	Cérvix útero	1594	1066	1594	1066
C91-95	Leucemia	1578	1125	653	440
C11	Nasofaringe	1340	504	390	129
C23-24	Vesícula biliar	1263	735	865	516
C56	Ovário	992	58	992	588

			8		
C25	Pancreas	940	918	375	367
C32	Laringe	866	778	67	57
C81	Linfoma de Hodgkin	832	257	413	121
C88 + C90	Mieloma múltiplo	665	588	324	296

C64-65	Um rim	606	37 6		257158
C22	Fígado	563	54 4		252242
C54	Corpus uteri	436	73		43673
C15	Esophagus	321	30 3		149139
C00-06	Lábio, cavidade oral	291	83		10624
C43	Melanoma da pele	272	16 3		13069
C07-08	Glândulas salivares	129	38	538	
C62	Testis	128	26	//	
C09-10	Oropharynx	84	32		143
C51	Vulva	76	27		7627
C45	Mesotelioma	65	53		1612
C46	Sarcoma de Kaposi	63	29		2012
C12-13	Hipofaringe	57	23		154
C52	Vagina	36	16		3616
C60	Pénis	4	1	//	

Os números comunicados pela OMS são produzidos utilizando um método de amostragem baseado no cálculo de uma média ponderada ou simples das taxas locais mais recentes aplicadas à população de 7 Wilayas (Argel, Annaba, Batna, Sétif, Sidi-Bel-Abbès, Tizi-Ouzou e Tlemcen) em 2018 para incidências. As taxas de mortalidade são estimadas a partir de estimativas nacionais de incidência por modelização, utilizando rácios de incidência:mortalidade derivados de dados de registo de cancro nos países vizinhos (OMS, 2020).

2.2. Tumores em números entre as mulheres na Argélia

A figura seguinte mostra o número de mulheres afectadas por tumores, é simplesmente uma estimativa, uma vez que há menos dados sobre a situação exacta na Argélia em 2018.

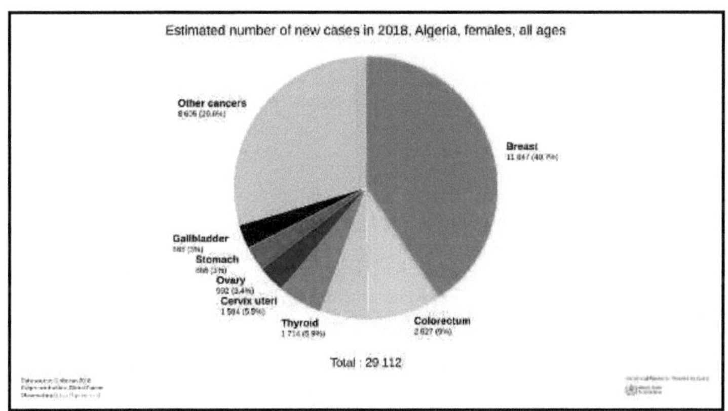

Fig. 2.1. Número de casos de cancro entre as mulheres na Argélia (GLOBOCAN, 2018)

2.3. Situação em Argel

Com o aumento da esperança de vida, a incidência global bruta de cancro na wilaya de Argel continua a aumentar, atingindo 194 novos casos por 100.000 homens e 230,6 novos casos por 100.000 mulheres (INSP, 2019).

*Novos casos de cancro registados na wilaya de Argel em 2017:

Características gerais dos cancros entre as mulheres na wilaya de Argel

 7993 novos casos de tumores foram registados, 4297 dos quais em mulheres: 53.7 %.

Impacto anual bruto

 230,6 Novos casos por 100.000 mulheres.

Incidência anual estandardizada

 216,9 Novos casos por 100.000 mulheres

Proporções de casos confirmados histologicamente em Mulheres

 Patologia primária do tumor 93,9%,

 Patologia da metástase 2,3%.

3. Definição

O tumor é um grupo de doenças caracterizado pelo crescimento descontrolado e disseminação de células anormais. Se a propagação não for controlada, pode levar à morte (GLOBOCAN, 2018). É um grupo de diferentes lesões, incluindo :

* colecções líquidas recolhidas numa cavidade pré-formada;

- tumefacções de origem inflamatória;
- hipertrofias teciduais de origem distrófica (bócio);
- lesões relacionadas com perturbações de origem embriológica (disembryoplasia).

A definição actual é mais restritiva e baseia-se na noção de homeostase de tecidos.
(CoPath, 2012).

De acordo com Capp (2012), o cancro não é uma doença única, mas um conjunto de mais de duzentas patologias diferentes que podem aparecer em qualquer tecido ou órgão.

Embora as causas do cancro permaneçam em grande parte desconhecidas, particularmente para as que ocorrem na infância, existem muitos factores conhecidos que aumentam o risco. Alguns destes são modificáveis, tais como fumar e excesso de peso corporal, enquanto outros são geralmente não modificáveis, tais como mutações de genes hereditários, hormonas e condições imunitárias. Estes factores de risco podem agir simultânea ou sequencialmente para iniciar e/ou promover o crescimento do cancro (GLOBOCAN, 2018).

3.1. Características de um tumor

3.1.1. Excessiva proliferação celular

A proliferação está relacionada com a multiplicação dos descendentes de uma ou mais células anormais. Esta é a noção de clonalidade. Um clone é um conjunto de células derivado de uma única célula inicial. Diz-se que um tumor é poli- oligo- ou monoclonal, dependendo se se desenvolve a partir de várias, poucas ou uma única célula (CoPath, 2012).

3.1.2. Massa de tecido mais ou menos parecida com o tecido normal

As características citológicas e arquitectónicas deste novo tecido produzem uma aparência mais ou menos semelhante à do tecido homólogo normal adulto ou embrionário. Esta semelhança define uma noção fundamental: diferenciação tumoral.

Quanto mais próxima a função e estrutura do tumor estiver da função e estrutura do tecido normal, tanto mais diferenciado será o tumor (CoPath, 2012).

3.1.3. Tendência para persistir e crescer

A proliferação tumoral continua após o estímulo que lhe deu origem ter desaparecido. A proliferação tumoral é biologicamente autónoma (CoPath, 2012).

3.1.4. Sucessão de eventos genéticos

Estas anomalias genéticas acumulam-se normalmente ao longo de vários anos. Durante este processo de múltiplas etapas, o genoma das células tumorais adquire alelos mutantes.

de proto-oncogenes, genes supressores de tumores e genes que controlam directa ou indirectamente a indirectamente a integridade do ADN.

A consequência destas anomalias genéticas é a aquisição de novas propriedades:

- a capacidade de gerar os seus próprios sinais mitogénicos;
- para resistir aos sinais externos de inibição do crescimento;
- para proliferar sem limites (imortalização);
- para se infiltrar no tecido adjacente;
- constituem a neo-vascularização (angiogénese) (CoPath, 2012).

3.1.5. Natureza multifásica dos cancros

a. Um tumor tem origem na mesma célula (monoclonalidade): As diferentes células tumorais que compõem um tumor provêm do mesmo clone celular (monoclonalidade). A origem monoclonal das células que formam um tumor tem sido verificada por diferentes abordagens:

- A análise fina das translocações cromossómicas t(9,22) observadas na leucemia mielóide crónica mostra que as células de leucemia do mesmo paciente têm todas o mesmo ponto de ruptura cromossómico. Este ponto de ruptura é diferente de um paciente para outro.

- O estudo de marcadores genéticos localizados no cromossoma X, em tumores desenvolvidos em mulheres, indica que todas as células tumorais têm o mesmo X inactivado. A massa tumoral corresponde portanto à expansão de um clone celular (Boulle, 2010).

b. Uma única alteração de ADN (como uma mutação) permite o desenvolvimento de um tumor?

Os argumentos epidemiológicos e experimentais sugerem que uma única alteração de ADN não é suficiente para desenvolver um tumor. Assim, a acumulação de vários eventos genéticos ou epigenéticos raros e independentes é necessária para a transformação de uma célula normal numa célula tumoral. De um ponto de vista epidemiológico, a hipótese "uma alteração de ADN = um tumor" resultaria numa frequência de cancros da população independente da idade. Contudo, a frequência dos cancros aumenta exponencialmente a partir da idade de 50-60 anos. Os dados epidemiológicos também mostram que a exposição a um carcinogéneo ambiental resulta num risco de cancro clinicamente detectável apenas após um atraso de vários anos, sugerindo a ocorrência de vários eventos após a lesão genética inicial. Anatomo-patologicamente,

Os argumentos para este efeito provêm da observação de certos tumores como o cancro do colo do útero ou cancro do cólon onde se pode identificar uma progressão no desenvolvimento do tumor (hiperplasia celular, cancro in situ, cancro invasivo, cancro metastático) que ocorre ao longo de vários anos (10-12 anos) (Boulle, 2010).

c. O desenvolvimento de um tumor provém de ciclos de alteração/selecção do ADN (Fig. 3.1). O desenvolvimento tumoral ocorre em fases sucessivas em que os danos no ADN dão à célula uma vantagem selectiva em termos de proliferação, sobrevivência ou invasão, o que lhe permitirá escapar aos vários sistemas de controlo e monitorização anti-tumor. Esta vantagem selectiva será transmitida durante a divisão celular às células filhas. Esta acumulação sucessiva de alterações de ADN resulta em células tumorais com genótipos diferentes e, portanto, fenótipos diferentes dentro do tumor (Boulle, 2010).

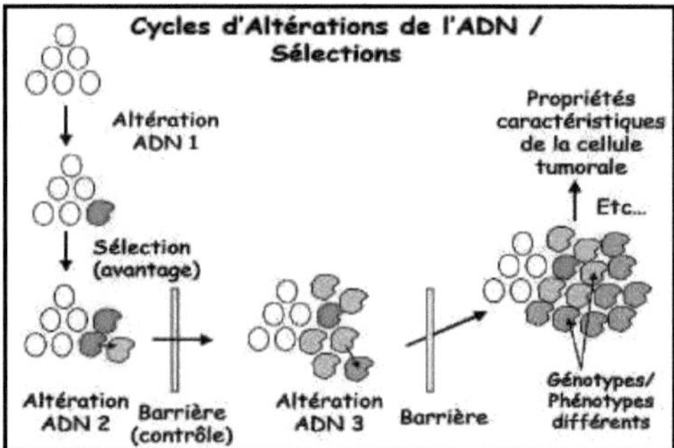

Fig. 3.1. Ciclos de Alteração de ADN / Selecções (Boulle, 2010)

3.2. Composição tumoral

O tecido tumoral é composto por

* De células tumorais = células proliferativas anormais
* De células e substâncias extra-celulares que acompanham as células tumorais
  = estroma.

As células estroma não têm os danos genéticos das células tumorais (Duyckaerts et al, 2003).

3.3. Critérios citológicos para a malignidade

Anormalidades do núcleo :

- Tamanho: aumento, desigualdade (anisokaryosis)
- Conteúdo: cromatina distribuída irregularmente (grumos), hipercromatologia
- Forma: contornos irregulares, incisões
- Nucleoli: aumento do tamanho, multiplicidade, anomalias de forma
- Mitoses: aumento em número, anomalias de forma (tripolar, mitoses assimétricas).

Anomalias citoplasmáticas:

- Diminuição do tamanho: aumento da razão nucleocitoplasmática
- Basofilia

No entanto, estes critérios não têm um significado único. De facto:

- Os critérios citológicos de "malignidade" podem ser observados em tumores benignos ou processos não tumorais (vírus, quimioterapia, necrose).
- Alguns tumores malignos têm poucos ou nenhuns critérios de malignidade (elevada actividade mitótica dos leiomiossarcomas uterinos).

Os critérios citológicos para a malignidade não são nem necessários nem específicos para tumores malignos.

Em alguns casos, o diagnóstico de um tumor maligno é baseado em :

- identificação do tipo de tumor

sinais histopatológicos de invasão local característicos de tumores malignos

- (êmbolos tumorais, impacto nervoso)
- a ocorrência de metástases (Duyckaerts et al, 2003).

4. Fisiopatologia do cancro e da carcinogénese

O cancro é uma doença resultante de alterações do ADN celular por um carcinogéneo genoróxico, este fenómeno é irreversível (Oukal, 2009). As anomalias de ADN podem ser de origem genética ou epigenética e são transmissíveis às células filhas durante a divisão celular. Ocorrem em 90% dos casos em células somáticas (alterações adquiridas). Em 10% dos casos, ocorrem em células germinativas resultando em predisposição hereditária para o cancro (Boulle, 2010).

Os agentes que levam ao desenvolvimento do cancro são os agentes **iniciadores** (carcinogéneos químicos, biológicos: vírus, físicos: radiação ionizante) e os agentes **promotores mitogénicos e citotóxicos** (ésteres de corbol, certas hormonas, álcool, e certos parasitas) (Oukal, 2009; Boulle, 2010).

O cancro tem origem numa única célula normal ou numa célula estaminal tumoral que é uma célula iniciadora de tumores (tem resistência à apoptose e vários tratamentos antitumoral e requer um microambiente de "nicho" particular para a sua proliferação e sobrevivência). A célula perde a sua forma específica e já não reage a sinais externos, em particular sinais de inibição de crescimento (Paul e Régulier, 2001; Boulle, 2010).

Uma célula maligna pode replicar-se sem limites, devido a certas modificações:

- Alterações nos genes da proteína tirosina quinase (PTK) perturbarão as funções das proteínas PTK, que são reguladores da transdução de sinal intracelular (Blume-Jensen e Hunter, 2001).

- A célula cancerígena já não recebe sinais de apoptose, torna-se insensível aos sinais inibidores de crescimento e produz os seus próprios sinais que a levam a proliferar (Paul e Regular, 2001).

- O cancro é uma doença de sinalização. Os sinais normais já não passam, enquanto que os sinais errados são transmitidos (Maillard C., 2002).

- As mutações no gene APC (Anaphase Promotion Complex) levam ao aparecimento de múltiplos centrosomas e a um excesso de microtubulos. A mitose não é apenas acelerada, mas também anárquica, pois depende de centrosomes (El Harrak, 2016).

A transformação da célula normal em célula tumoral é um processo que passa por 4 fases principais de carcinogénese:

1) Displasia: Diferenciação celular com hiperplasia (aumento do número de assentos celulares) (Agag, 2012). Segue-se à acumulação de lesões genéticas (Duyckaerts et al, 2003) que alteram o controlo da proliferação e maturação das células (CoPath, 2012). A evolução do estado normal para esta fase é clássica (El Harrak, 2016).

2) Cancro in situ: proliferação cancerígena em toda a espessura da mucosa sem atravessar a membrana do porão (Agag, 2012).

Alguns autores combinam as duas fases anteriores numa única fase chamada fase inicial, que depende da combinação de condições pré-cancerosas e lesões pré-cancerosas.

As fases de desenvolvimento de um carcinoma (cancro de origem epitelial) antes da fase de invasão correspondem às fases estritamente intra-epiteliais da carcinogénese (CoPath, 2012).

3) Cancro invasivo (invasão local): resulta da interacção entre o estroma e o epitélio (Taillibert, 2003). A membrana do porão é atravessada e as células cancerosas invadem os tecidos subjacentes (Agag, 2012), de acordo com um fenómeno de contiguidade que pode ser explicado por :

- Dispersão de células no tecido de uma forma mais ou menos centrífuga, insinuando-se entre estruturas pré-existentes.
- Destruição de estruturas pré-existentes por proteases de origem tumoral (Duyckaerts et al, 2003).

4) Cancro metástático: Cruzamento de vasos, circulação de células tumorais por via linfática, sanguínea ou cavitária (pleura, cavidade peritoneal, canal lombar), seguido de colonização de outros órgãos (Duyckaerts et al, 2003; Agag, 2012).

Muito importante: Um tumor também pode semear uma via de perfuração ou biopsia (sarcomas), mas isto não é metástase (Duyckaerts et al, 2003).

Outros autores têm uma visão diferente, Jean-Pascal Capp (2012) propõe uma teoria da carcinogénese que integra coerentemente o papel das mutações e do ambiente celular. A acção das mutações não é negada, mas não é considerada como sendo a causa primária da carcinogénese. É um efeito da perturbação das relações células-células agindo como um factor agravante.

5. Etiologia dos cancros 5.1

Factores intrínsecos :

Os factores intrínsecos são inevitáveis.

5.1.1. Idade

A idade é um factor agravante na ocorrência de cancros, à medida que as alterações genómicas aumentam e se acumulam com o tempo (El Harrak, 2016).

5.1.2. Origem genética

Cerca de 5% dos cancros têm uma origem genética. Estas predisposições hereditárias podem ser responsáveis pela ocorrência de cancros em vários membros da mesma família. Os cancros mais transmissíveis desta forma são o cancro da mama, ovariano e colorrectal (El Harrak, 2016).

5.1.3. Impregnação hormonal

Quando o sistema endócrino é perturbado, ocorre um desequilíbrio hormonal em o corpo e promove certos cancros. De facto, uma hipersecreção de estrogénios pode causam cancro da mama, e o cancro da próstata pode ser devido à impregnação excessiva de testosterona (El Harrak, 2016).

5.1.4. Excesso de peso

O excesso de peso aumenta o risco de desenvolver cancro da mama e endometrial, em particular devido ao armazenamento de alguns dos estrogénios e à aromatização dos andrógenos no tecido adiposo (El Harrak, 2016).

5.2. Factores extrínsecos :

Os factores extrínsecos são predominantes na ocorrência de cancros, apesar de serem muitas vezes evitáveis. De facto, dependem geralmente do comportamento e hábitos de vida do indivíduo, mas também do seu ambiente.

5.2.1. Fumar

A OMS identificou o consumo de tabaco como a principal causa de morte evitável a nível mundial. Embora o tabagismo cause um grande número de doenças cardiovasculares e respiratórias (Wald e Hackshaw, 1996). Fumar provoca cancro do pulmão e de outros órgãos, e é a causa ambiental mais estudada do cancro. O risco de cancro do pulmão é determinado pela quantidade de tabaco consumido diariamente, a duração do fumo e a profundidade da inalação (ACRI, 2003).

5.2.2. Consumo de álcool

A associação causal entre o consumo de álcool e os cancros oral, esofágico, hepático, e outros foi claramente estabelecida (OMS, 1999). Estudos de avaliação do risco de cancro em fabricantes de cerveja e em pacientes dependentes do álcool forneceram indicações importantes do papel carcinogénico do álcool. Foi também estabelecida uma associação causal para o cancro da mama, e é provável que se trate de cancro do cólon-recto (El Harrak, 2016).

5.2.3. Alimentação

As diferenças entre as dietas seguidas por diferentes populações, em termos de quantidade e proporções relativas dos principais grupos alimentares (conteúdo vegetal, conteúdo em gordura, etc.) têm uma influência importante na distribuição dos cancros do aparelho digestivo e de certos outros órgãos (El Harrak, 2016).

5.2.4. Drogas

As drogas com efeito cancerígeno no homem incluem drogas antineoplásicas e combinações de drogas, hormonas e antagonistas hormonais, e imunossupressores (ACRI, 2001).

5.2.5. Infecções crónicas

As provas experimentais e biológicas indicam agora que uma grande variedade de agentes infecciosos é uma das principais causas de cancro a nível mundial. Os vírus são os principais agentes (Selbey et al, 1996).

5.2.6. Radiações ionizantes

O efeito cancerígeno da radiação ionizante (X, gama, neutrões, beta e alfa) é certo para os humanos e está bem demonstrado para doses de algumas centenas de milliSieverts (mSv) (Pisani et al, 1997).

6. Diagnóstico de Tumores

6.1. Diagnóstico Positivo

6.1.1. sinais indicadores

Enfatiza a frequente falta de correlação anátomo-clínica. Três
elementos são particularmente suspeitos:

1. hemorragia (incluindo em anticoagulantes),
2. perturbações funcionais recentes que persistem para além de 2 a 3 semanas (como a disfonia no cancro da laringe) e, em qualquer caso, uma evolução no sentido do agravamento, possivelmente intercalada com fases mas sem qualquer melhoria real,
3. o aparecimento de inchaço (Baillet, 2015).

6.1.2. argumentos pró-diagnóstico

Quando diagnosticados precocemente, os resultados são muito melhores no grupo dos pequenos tumores (T1-T2) do que no grupo dos tumores mais avançados diagnosticados mais tarde (T3-T4).

6.1.2.1. Argumentos locais

Clinicamente, a infiltração associada em casos típicos à ulceração e a uma
brotação hemorrágica.

Existem sinais específicos para certos locais: inchaço com retracção da pele, inflamação dolorosa e hemorrágica.

Existem argumentos locais na endoscopia para órgãos acessíveis a este meio de investigação. Se houver a menor dúvida, o exame é utilizado para biópsias ou imagens (Baillet, 2015).

6.1.2.2. Argumentos contextuais

Têm em conta a idade, a possível intoxicação por álcool e tabaco, um contexto familiar, uma origem geográfica particular e uma patologia predisponente (Baillet, 2015).

6.1.2.3. Os argumentos biológicos

Normalmente não ajudam quando o diagnóstico não é imediatamente óbvio. CRP elevado, MDT normal e SV elevado acima de 40 a [1] hora podem ser contados, mas nem sempre são certos. Os marcadores tumorais só são elevados quando os tumores são grandes ou se espalharam (Baillet, 2015).

6.1.3. Argumentos de certeza

São histológicos ou citológicos após biópsias. Baseiam-se no aspecto maligno das células e na invasão dos tecidos normais. Proporcionam certeza médica e especificam a variedade. O interesse é também medico-legal (Baillet, 2015). O objectivo do estudo é especificar :

- a natureza histológica do tumor;
- a sua potencial agressão;
- o seu prognóstico;
- a sua capacidade de responder a tratamentos cada vez mais específicos (CoPath, 2012).

6.1.3.1. Diagnóstico morfológico

O diagnóstico citológico ou histológico requer amostras de boa qualidade representativas do tumor e que não tenham sido alteradas durante a colheita ou transporte (CoPath, 2012).

- **Exame das secções histológicas**

A UAS é a base do diagnóstico anatomopatológico (tipagem histológica, grau, estádio, limites). Outras manchas que revelam particularidades das células tumorais (por exemplo, mucosecreção com azul alciano) ou do estroma (por exemplo, ecrã reticulínico com Gordon-Sweet) são frequentemente úteis para o diagnóstico (CoPath, 2012).

- **Imuno-histoquímica**

A imuno-histoquímica com anticorpos mono ou policlonais é frequentemente utilizada em patologia tumoral. A utilização de combinações de anticorpos, cuja escolha é orientada pelo estudo histológico, permite especificar na maioria dos casos a natureza dos tumores pouco diferenciados e a origem primária das metástases (CoPath, 2012).

Os anticorpos são utilizados para determinar a natureza dos filamentos intermediários do

- Citoesqueleto celular. Têm uma distribuição específica:
- Filamentos de citoqueratina em células epiteliais,
- Filamentos de vimentina em células conjuntivas,
- Filamentos de Desmin em células musculares,
- Neurofilamentos em células nervosas.

Assim, um carcinoma é geralmente citoceratina positiva e vimentina negativa, enquanto uma sarcoma tem o fenótipo inverso (CoPath, 2012).

▫ Os marcadores de superfície são também específicos para tipos de células: antigénio CD20 (linfócito B), antigénio epitelial de membrana (células epiteliais), molécula de adesão celular neural (NCAM) (células nervosas e neuroendócrinas) (CoPath, 2012).

▫ Também são explorados marcadores citoplasmáticos correspondentes a produtos de secreção ou moléculas funcionais: mucinas em adenocarcinomas, cromogranina em células neuroendorínicas, HMB45 em melanócitos, e tiroglobulina na tiróide (Fig. 6.1).

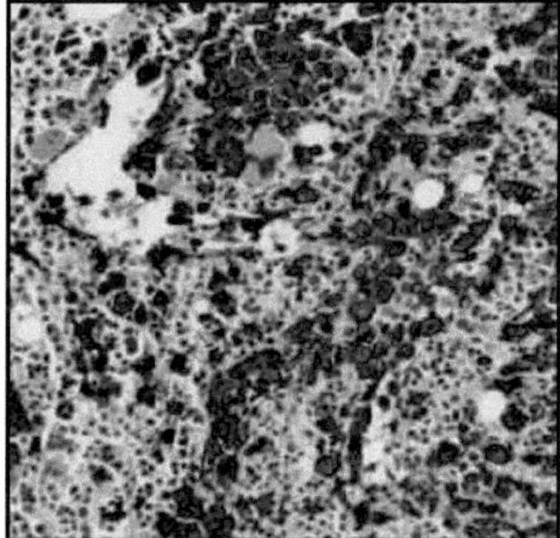

Fig. 6.1. Detecção de marcadores de diferenciação tumoral por imuno-histoquímica, *expressão CD20 por células linfoma de grandes células B intravasculares* (CoPath, 2012).

Os anticorpos dirigidos contra moléculas com valor prognóstico ou terapêutico estão a ser cada vez mais utilizados. Por exemplo, a quantificação dos receptores hormonais nos núcleos das células tumorais do adenocarcinoma em certos órgãos fornece informações sobre os potenciais efeitos da terapia anti-hormonal (CoPath, 2012).

6.1.3.2. Diagnóstico Molecular

As técnicas de patologia molecular são utilizadas para revelar alterações moleculares nas células tumorais. Podem ser realizados em secções histológicas (por exemplo, hibridação *in situ*) ou após extracção de um dos constituintes moleculares do tecido (Fig. 6.2).

As técnicas de patologia molecular têm valor de diagnóstico e prognóstico em certas malignidades, e podem também ajudar a prever a resposta à terapia orientada (teranóstico), detectar doença residual após tratamento, ou diagnosticar uma predisposição hereditária para desenvolver cancro.

As alterações genéticas aparecem sucessivamente durante o crescimento de um tumor. Algumas destas anomalias são recorrentes, o que significa que o mesmo tipo de anomalia ocorre com alta frequência num determinado tipo de tumor (CoPath, 2012).

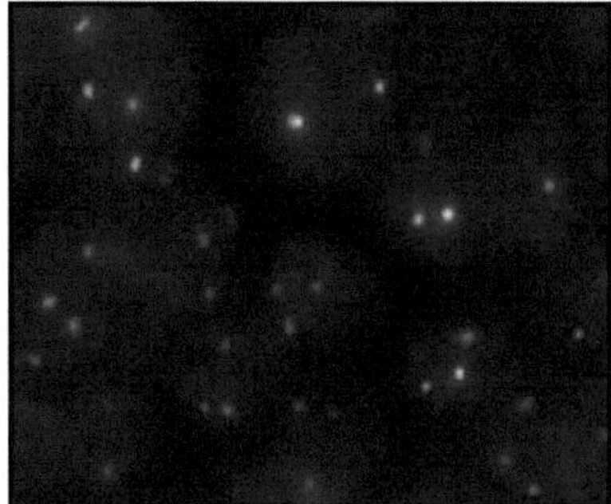

Fig. 6.2. Detecção de FISH em núcleos interfásicos de uma translocação envolvendo o proto-oncogene c-myc em células deste linfoma (CoPath, 2012).

6.2. Diagnósticos diferenciais

A maioria das vezes ocorre entre tumores mal diferenciados (Allen et al, 2006) e entre displasia e tumores benignos. Na prática, é necessário conhecê-los para não se perder e assim reduzir a frequência do diagnóstico tardio (Baillet, 2015). Os diagnósticos diferenciais também fazem uso de métodos moleculares (Quadro 3).

Quadro 3. Selecção de anticorpos para tumores malignamente diferenciados no diagnóstico diferencial (Allen et al, 2006)

Painel de	diagnóstico diferencialAnti-corpo
carcinoma/sarcoma (variantes epitélioides)	CAM5.2, AE1/AE3, S100, melan-A, HMB-45, CD45, CD3O, ALK, PLAP, CD117, desmin, CD34
Mesotelioma	AE1 / AE3, CK5 / 6, calretinina, trombomodulina, EMA, CEA, Ber EP4, MOC 31, TI F-1

Actin Sm, actina muscular lisa; **TTF-1,** factor de transcrição da tiróide; **CK,** citoceratinas: específicas (por exemplo CK7, 20) ou cocktails: CAM5.2, CKs 8, 18, 19; **34βE12,** CKs 1, 5, 10, 14; **AE1/AE3,** CK 10, 15, 16, 19/1-8; **AFP,** alfa-fetoproteína; **HCG,** gonadotropina coriónica humana; **PLAP,** fosfatase alcalina placentária; Hep **Par1,** anticorpo hepatocitário; **CCR ab,** anticorpo carcinoma de células renais; **CD56,** molécula de adesão de células neurais (NCAM); **Ki-67, MIB 1; ER,** receptor de estrogénio; **PR,** receptor de progesterona; **PSA,** antigénio específico da próstata; **PSAP,** fosfatase ácida específica da próstata; **AMACR,** co-enzima alfa-metilactil A; **tdt,** desooxinucleotidyltransferase terminal; **ALK,** linfoma cinase anaplásico; **LMP1,** proteína de membrana latente (EBV); **EBER,** RNA codificado com EBV (hibridação in situ); **MSI-H,** alto nível de instabilidade dos microssatélites. **EMA,** Antigénio Epitelial de Membrana.

6.3. Diagnósticos de extensão

6.3.1. Clínica

Especifica a localização e o tamanho do tumor. A extensão regional dos gânglios linfáticos é então procurada e finalmente possíveis locais remotos directamente acessíveis ao exame clínico: gânglios linfáticos, pele, fígado, pleural. Também se procuram sinais funcionais que possam indicar a presença de metástases (Baillet, 2015).

6.3.2. Através de imagens

Este tipo de exame pode ser útil para verificar a existência de metástases antes da cirurgia e para determinar a extensão tumoral local e regional. Em certos casos, em caso de dúvida, pode ser utilizada uma punção citológica guiada (Baillet, 2015).

6.3.3. Através de endoscopia

Permite medir a extensão da superfície dos tumores acessíveis a este meio de investigação e possivelmente a organismos de vizinhança (Baillet, 2015).

6.3.4. Através de descobertas cirúrgicas

Fornece informação útil sobre as estruturas invadidas e possível extensão e se a ressecção está ou não completa histologicamente, se há ou não invasão linfática regional e se há ou não rupturas capsulares e/ou focos neoplásicos fora dos nódulos.

A procura de 2º cancros (também chamados de 2ºs localizações) é sistemática para certas localizações: focos multifocais no mesmo órgão (Baillet, 2015).

6.4. Estratégia diagnóstica

Exige um bom conhecimento das vantagens e limitações de cada método. O objectivo da gestão médica de um doente com cancro é tratá-lo da melhor forma e com o menor custo possível. Na grande maioria dos casos, é necessário um diagnóstico anatomopatológico, com pelo menos uma tipagem tumoral, antes do tratamento. Contudo, isto requer, na maioria das vezes, um procedimento invasivo que deve ser ponderado em relação aos riscos e benefícios para o paciente. Alguns métodos têm um diagnóstico praticamente certo, mas o inconveniente e o risco de uma biópsia histológica de confirmação não é compensado pelo benefício esperado para o doente (CoPath, 2012).

7. Classificação de Tumor

A classificação das neoplasias envolve a sua disposição ou distribuição em classes de acordo com um método ou sistema (Muir e Percy, 1991). A utilização correcta das classificações tumorais é um dos elementos-chave de um tratamento oncológico adequado. As classificações tumorais incluem: localização, dactilografia, classificação de fases e estadiamento, classificação após radiochemoterapia neoadjuvante, classificação TNM, e classificação de tumores residuais R (Wittekind e Tischoff, 2004). As duas bases mais importantes de classificação são **a localização do** tumor no corpo (localização anatómica; local; topografia) e **morfologia, ou seja, o** aparecimento do tumor quando examinado ao microscópio (sinónimos: histologia, citologia), uma vez que isto indica o seu comportamento (maligno, benigno, in situ e incerto). Uma boa classificação requer uma nomenclatura acordada - uma série de nomes ou designações que formam um conjunto ou sistema - de modo que, por exemplo, todos os histopatologistas concordem em dar a um determinado aspecto microscópico o mesmo nome (Muir & Percy, 1991). Como se baseia no exame clínico, também se baseia em dados de exames complementares de imagem, particularmente RM, cirurgia e análise histológica de biópsias e espécimes cirúrgicos (Carcopino et al, 2013). Alizadeh (2001) relata estudos sobre novos métodos que demonstraram que os tecidos tumorais têm perfis de expressão genética que são um composto do perfil de expressão das células tumorais.

Nota: Para alguns tumores descobertos numa fase metastásica, o órgão de origem (o "primário") não é identificável. Estes tumores são então classificados unicamente com base no seu tipo histológico (Mosnier et al, 2005).

7.1. História da classificação dos tumores (1948 - 2014)

Em 1948, a OMS publicou a sexta revisão da CID (OMS, 1948) e a classificação foi revista em geral de 10 em 10 anos (ver Fig. 7.1).

O Capítulo II do CDI, que trata das neoplasias, é principalmente uma classificação topográfica organizada de acordo com o sítio anatómico do tumor, com excepção de alguns tipos histológicos como melanomas, linfomas e leucemias. Basicamente, a estrutura do capítulo das neoplasias não mudou nos últimos 40 anos. Começando pelo CID-6, a maioria dos órgãos (ou categorias) também foram subdivididos com um quarto dígito dando mais detalhes anatómicos. Neoplasmas com um determinado comportamento foram agrupados em blocos designados como malignos, benignos e de natureza indeterminada; a partir do CID-9, foram também atribuídos blocos a neoplasmas in situ e neoplasmas com comportamento incerto. Em 1951, a American Cancer Society (1951) desenvolveu e publicou o seu primeiro Manual de Nomenclatura e Codificação de Tumores (MOTNAC). Este tinha um código morfológico de três dígitos, os dois primeiros dígitos deram o tipo histológico e o terceiro o comportamento do tumor. Este princípio foi posteriormente adoptado pela OMS ao publicar um Código Estatístico de Tumores Humanos (OMS, 1956), que consistia num código topográfico baseado no capítulo sobre neoplasias malignas do CID-7 (OMS, 1957) e na morfologia, incluindo o código comportamental, do MOTNAC. Em 1965, o Colégio de Patologistas Americanos publicou a Nomenclatura Sistematizada de Patologia (SNOP), que era mais detalhada (incluindo as áreas de etiologia e função) (Muir e Percy, 1991). A Sociedade Americana do Cancro podia utilizar as secções 8 e 9 do SNOP para a secção morfológica de uma MOTNAC revista, publicada em 1968 (Percy et al, 1968).

Assim, foi formado um grupo de trabalho para desenvolver a Classificação Internacional de Doenças Oncológicas (CID-O) (OMS, 1976b), que classificou um tumor de acordo com os três eixos de topografia, morfologia e comportamento.

Em 1977, o Colégio de Patologistas Americanos reviu o SNOP como a Nomenclatura Sistemática da Medicina (SNOMED). O SNOMED incorporou a secção morfológica do CID-O para as suas secções morfológicas 8 e 9 de neoplasias. A secção topográfico SNOMED, por outro lado, cobre todas as estruturas anatómicas e não apenas os locais onde ocorrem tumores (Muir e Percy, 1991).

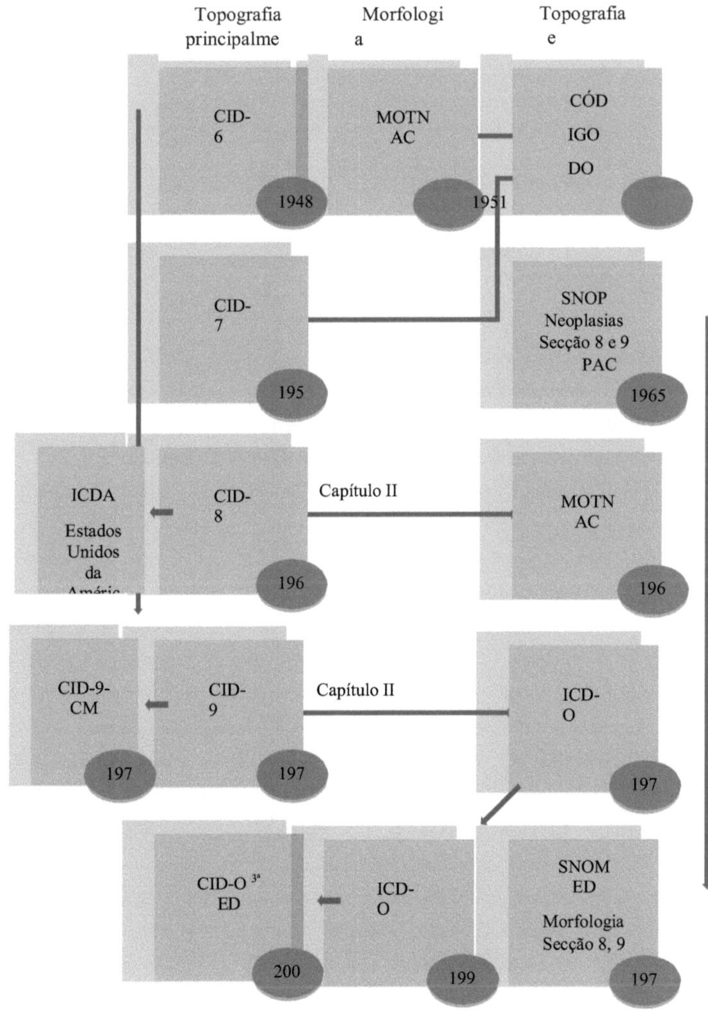
Topografia principalme
Morfologia
Topografia e
CID-6
MOTN AC
CÓDIGO DO
1948
1951
CID-7
SNOP Neoplasias Secção 8 e 9 PAC
195
1965
ICDA Estados Unidos da América
CID-8
Capítulo II
MOTN AC
196
196
CID-9-CM
CID-9
Capítulo II
ICD-O
197
197
197
CID-O 3ª ED
ICD-O
SNOM ED Morfologia Secção 8, 9
200
199
197

7.2. Normalização dos relatórios de patologia de acordo com as classificações

Os relatórios de patologia são estruturados de forma diferente em diferentes institutos. Apenas no final há um resumo padronizado na estrutura (Quadro 4).

Quadro 4. Classificação sumária dos tumores nos relatórios médicos (Wittekind e Tischoff, 2004).

Classificação sumária dos tumores (tendo em conta os resultados anteriores)		
Localização	C	CID-O-3
Histologia (tipagem tumoral)	M	ICD-O-M
Grau	G	OMS, UICC 2002
Classificação TNM (2002)	(p) TNM	UICC 2002
Classificação R	R	UICC 2002

7.3. Nomenclatura Tumoral

O objectivo do exame anatomopatológico de um tumor é estabelecer o tipo, grau histológico (ou seja, estado de diferenciação) e fase (ou seja, extensão) e avaliar o prognóstico; isto ajuda a determinar o tratamento mais apropriado para o paciente (CoPath, 2012).

O nome do tumor consiste de uma raiz e um sufixo e pode ser associado a um adjectivo. A raiz define diferenciação (adeno refere-se a um tumor glandular, rabdomiomo a um tumor muscular estriado, leiomiomo a um tumor muscular liso ....) O sufixo -ome é utilizado para designar tumores benignos (adenoma, rabdomioma, leiomioma ....). Contudo, existem excepções (por exemplo, linfomas e melanomas são tumores malignos). O sufixo -matose refere-se à presença de tumores múltiplos ou difusos (angiomatose, leiomiomatose, adenomatose). O termo "carcinoma" refere-se a um tumor maligno epitelial (por exemplo, adenocarcinoma). O termo "sarcoma" refere-se a uma malignidade conectiva (por exemplo, rabdomiossarcoma). O sufixo "blastoma" refere-se a um tumor embrionário (exemplo nefroblastoma ou neuroblastoma) (Mosnier et al, 2005).

7.3.1. Localização de tumor

A secção de topografia do CID-O-3 (Classificação Internacional de Doenças Oncológicas, [3ª] edição, 2000) é uma referência para a classificação da localização de tumores. Descreve distritos e sub-distritos anatómicos (Wittekind e Tischoff, 2004).

7.3.2. Classificação Histopatológica

Nas classificações histológicas, os tumores são classificados de acordo com o conceito de "histogénese" ou o tecido original (dependendo da sua semelhança com o tecido normal). De acordo com o órgão ou tecido original, são utilizados diferentes critérios de classificação. A OMS assume a responsabilidade de classificar histologicamente os tumores. As classificações histológicas são específicas para órgãos. A regra geral nas diferentes classificações da OMS é classificar um tumor de acordo com a sua componente predominante (> 50%) (Wittekind e Tischoff, 2004).

A classificação da OMS para cada dispositivo ou órgão é baseada

em : Noções de Raiz: Diferenciação.

Exemplos: adeno = adeno gland- = tumor glandular; angio =

                angio- = tumor vascular; etc.

Noções de Sufixos :

- ome: tumor benigno. Exemplo: adenoma.

- matose: tumores múltiplos ou difusos. Exemplo: angiomatose.

- carcinoma: tumor maligno epitelial. Exemplo: adenocarcinoma.

- sarcoma: tumor maligno conectivo. Exemplo: angiossarcoma.

- blastoma: um tumor de blastema. Exemplo: nefroblastoma.

Os termos: Linfoma e melanoma são sempre malignos.

        Teratoma, glioma: sem significado prognóstico per se (Baillet, 2015).

Para a maioria dos tumores de órgãos, existem várias classificações adicionais para além das classificações internacionalmente reconhecidas, tais como a classificação Laurén e Ming para o cancro gástrico e a REAL (Revised European-American Classification of Lymphoid Neoplasms) para linfomas malignos (Wittekind e Tischoff, 2004).

7.3.3. Classificação por Graus (comportamento)

A classificação pode ser baseada em parâmetros histológicos estruturais e/ou alterações citológicas (Wittekind e Tischoff, 2004). Baseia-se em critérios tais como o grau de diferenciação tumoral, actividade, grau de atipia citonuclear ou extensão da necrose. Variam para cada tipo de tumor (Mosnier et al, 2005). Ao avaliar os critérios histológicos, a semelhança com o tecido original desempenha um papel. As alterações citológicas centram-se na anaplasia nuclear, polimorfismo nuclear, relação nuclear-plasma e mitose. Distinguem-se tradicionalmente quatro graus. Hoje em dia, uma divisão em apenas dois graus é cada vez mais preferida, uma vez que é mais reprodutível e bastante suficiente para fins clínicos. Há alguns órgãos nos quais não é fornecida qualquer classificação de acordo com as regras da classificação da UICN-TNM.

Existem regras de classificação fixas para algumas outras entidades tumorais:

- o Carcinoma de células escamosas: G3 ;
- o Carcinoma de pequenas células: G4 ;
- o Grande carcinoma de células: G4 (Wittekind e Tischoff, 2004).

7.3.4. Classificação por etapas

A encenação é a determinação da propagação anatómica de um tumor maligno nas categorias T (tumor), N (nódulo) e M (metástases distantes) (Wittekind e Tischoff, 2004). Uma classificação inicial por etapas foi há muito proposta, em particular pelas várias sociedades instruídas que trataram esta ou aquela localização (Héron, 2003). O sistema TNM é actualmente o mais utilizado no mundo. Cada uma destas três letras é seguida por um número que varia de 0 (ausente) a 4, ou por um X se for impossível de avaliar. A pontuação é precedida pela letra c se a avaliação da fase for clínica ou pela letra p se for feita por um patologista (por exemplo: fase de adenocarcinoma colónico pT2N2MX, o patologista detectou infiltração tumoral da musculatura e mais de 3 gânglios linfáticos, mas não sabe se existem metástases distantes) (Mosnier et al, 2005).

O quadro seguinte serve de enquadramento para estas classificações:

Quadro 5. Quadro de classificações por fases (Heron, 2003).

Stade	Description
Stade 0	Cancer in situ (non invasif)
Stade 1	Invasion très localisée, sans métastases à distance
Stade 2	Extension limitée localement et/ou atteinte ganglionnaire satellite minime
Stade 3	Atteinte locale importante et/ou atteinte ganglionnaire satellite majeure
Stade 4	Tumeur avancée localement et/ou métastases à distance

De acordo com os acordos internacionais, a descrição da propagação anatómica dos tumores é agora geralmente baseada no sistema TNM.

O sistema TNM tem sido progressivamente alargado pela UICC e tem sido aceite por todos os Comités Nacionais TNM desde a 4ª edição em 1987. É válido a nível mundial (Wittekind e Tischoff, 2004).

Classificação TNM

Este sistema constitui assim uma análise estenográfica da extensão de um tumor maligno. particular.

Com base na avaliação de três elementos:

O T: Este critério diz respeito ao tumor primário.

O N: Este critério diz respeito à ausência ou presença e importância das metástases. gânglios linfáticos regionais.

O M: Descreve a presença ou ausência de metástase remota.

O **sistema TNM é** complementado por um número, indicando a extensão do cancro:

- **T0, T1, T2, T3, T4**
- **N0, N1, N2, N3**
- **M0, M1 (Wittekind et al, 2005).**

Factor C

O factor C ou factor de certeza reflecte a validade da classificação de acordo com os meios de diagnóstico utilizados. É opcional. As definições do factor C são :

- **C1** Evidência estabelecida por marcadores de diagnóstico padrão. Por exemplo, inspecção, palpação, imagens de raio-X padrão, endoscopia para tumores de certos órgãos.
- **C2** Provas estabelecidas por exames especializados. Por exemplo: imagem radiológica especializada, TAC, TAC, ultra-som, linfografia, angiografia, cintigrafia, ressonância magnética (RM), endoscopia, biopsia e citologia.
- **C3** Provas estabelecidas durante a exploração cirúrgica com biopsia ou exame citologia.
- Avaliação **C4** da extensão da doença após cirurgia de excisão e exame anatomopatologia da sala de operações.
- **C5** Autopsy evidence (Wittekind et al, 2005).

Os princípios uniformes do sistema TNM são ilustrados no Quadro 6.

Quadro 6. Princípios uniformes do sistema TNM (Wittekind e Tischoff, 2004)

A classificação só deve ser efectuada após confirmação histológica / citológica de o tumor maligno
Descrição do tumor propagado através de 3 parâmetros (fórmula TNM): • Tumor primário / propagação contínua no órgão original ou propagação para a área circundante T • Gânglios linfáticos regionais / metástases linfogénicas N • Metástases Distantes M
Sistema duplo : • Classificação clínica (pré-terapêutica) TNM • Classificação patológica (pós operatória-histopatológica) pTNM
Os resultados podem ser descritos em termos de certeza ("certeza" ou factor C) C1 baseado em métodos de diagnóstico padrão, por exemplo B. Inspecção, palpação e radiografias padrão, endoscopia intraluminal para determinados órgãos. C2 devido a medidas especiais de diagnóstico, por exemplo B. procedimentos de imagem, raios X em projecções especiais, fatias, TAC, ultra-sons, linfografia, angiografia, exames de medicina nuclear, RM, endoscopia, biopsia e citologia Exploração cirúrgica C3, incluindo biopsia e exame citológico C4 Resultados sobre a extensão da doença após cirurgia definitiva e exame anatomopatológico da ressecção tumoral C5 é o resultado de uma autópsia
Exemplo: O factor C é colocado por detrás das categorias T, N e M.
Um caso pode por exemplo ser descrito como T3C2, N2C1, M0C2
O arquivamento pode ser feito: • TNM / pTNM no primeiro evento • yTNM / ypTNM para terapia multimodal após pré-tratamento • rTNM / rpTNM para tumores recorrentes

Critério G

Descreve a classificação histológica para tumores epitelomatosos.

O critério S

Descreve os marcadores de soro.

A localização da metástase é descrita pelos sufixos :

- **Pulso**;
- OSSOS ;
- **hep**;
- **soutien** (cérebro);
- **lym** (gânglio linfático distante) ;
- **chuva** (pleura);

per (peritoneu);

esqui (pele) ;

- **oth** (outro site) (Heron, 2003).

Classificação do tumor residual (R)

O TNM descreve a extensão anatómica do cancro sem consideração terapêutica. Podem ser complementados pela classificação R, que tem em conta o estado pós-terapêutico do tumor. As definições de R são :

- **Raio-X A presença de tumor residual não pode ser avaliada.**
- **R0 Sem tumor residual**
- **R1 Tumor residual microscópico**
- **R2 Tumor residual macroscópico** (Wittekind et al, 2005).

7.3.5. Classificações de acordo com radiochemoterapia prévia

7.3.6. Classificação da condição geral

Para além das classificações acima descritas, os clínicos concordaram em descrever o estado geral dos pacientes antes de qualquer tratamento (Heron, 2003).

7.3.7. Os marcadores de prognóstico

O desenvolvimento de novas técnicas, tais como a imuno-histoquímica, a citometria de fluxo, a hibridação in situ da fluorescência (FISH) e a biologia molecular, permitiu descobrir o valor diagnóstico e prognóstico de certas moléculas, e detectar anomalias de expressão ou alterações genéticas em tumores. Estes marcadores permitem ou especificar o prognóstico espontâneo ou prever uma resposta ao tratamento (Mosnier et al, 2005).

7.3.8. Para uma classificação molecular

O advento da tecnologia de cDNA microarray torna agora possível medir eficazmente a expressão de quase todos os genes do genoma humano numa única experiência de hibridação nocturna. Esta abordagem a nível do genoma começou a revelar novas subclasses moleculares de tumores no carcinoma da mama, carcinoma do cólon, linfoma, leucemia e melanoma. Em vários casos, a análise de microarranjos de ADN já identificou genes que parecem ser úteis na previsão do comportamento clínico (Alizadeh ,2001).

A aplicação destes conceitos em patologia oncológica leva à consideração dos requisitos dos testes moleculares (Molecular Test Score System) para uma implementação fiável, que abrange efeitos biológicos, via molecular, validação biológica e validação técnica (Diaz-Cano, 2008).

7.3.8.1. Tumores benignos

Características evolutivas

Os tumores benignos desenvolvem-se localmente e permanecem confinados ao tecido de onde são originários. Crescem lentamente. No entanto, podem crescer até atingirem um grande volume e peso. Não se repetem após a remoção cirúrgica, desde que a remoção esteja completa. Estes tumores nunca se metástam. A sua evolução é geralmente favorável. No entanto, em alguns casos, podem causar complicações graves ou mesmo fatais devido à sua localização ou perturbações metabólicas. Exemplos: 1- um meningioma do buraco occipital, localizado num orifício não expansível, pode ter uma evolução fatal ao causar um envolvimento do tronco cerebral através do orifício occipital. 2- um adenoma paratiróide é responsável pelo hiperparatiroidismo e consequentemente hipercalcemia, que pode ser perigoso.

Caracteres macroscópicos

Estes são tumores circunscritos, bem delimitados, claramente separados do tecido circundante, por vezes até rodeados por uma cápsula (uma concha feita de tecido conjuntivo). Esta limitação explica a facilidade da excisão cirúrgica e a possibilidade de uma excisão limitada apenas ao tumor. (por exemplo, adenofibroma do peito, leiomioma do útero).

Características Histológicas

O tecido tumoral imita de perto a estrutura do tecido original (tumor diferenciado). As células têm uma morfologia normal e não são malignas. Não há invasão de tecidos vizinhos. Os tumores benignos reprimem mas não destroem o tecido saudável circundante: eles são expansivos. (ex: adenoma do fígado) (Mosnier et al, 2005).

7.3.8.2. Tumores malignos

As características dos tumores malignos ou cancros são ponto por ponto, em oposição às de tumores benignos. Características Progressivas Os tumores malignos têm geralmente um crescimento rápido. Dão origem à disseminação de tumores à distância (principalmente por vias linfáticas e sanguíneas) com a eclosão e desenvolvimento de tumores secundários noutras vísceras: metástases. Os tumores malignos tendem a repetir-se após a erradicação local. A evolução, para além do tratamento, progride espontaneamente para a morte.

Caracteres macroscópicos

Os tumores malignos são mal confinados, não encapsulados; destroem e invadem o órgão de onde são originários, bem como os órgãos vizinhos. Os seus contornos são irregulares. Focos de necrose e hemorragia são comuns.

Características Histológicas

As células tumorais malignas apresentam geralmente características anormais (características citológicas de malignidade). O tecido tumoral é mais ou menos diferenciado. É "caricatura" do tecido ortológico normal (Mosnier et al, 2005).

CAPÍTULO 3

TUMORES UTERINOS

1. Introdução

Os cancros ginecológicos são a principal causa de morte por cancro entre as mulheres em todo o mundo. O cancro do colo do útero é o terceiro cancro mais comum nas mulheres. Outros cancros ginecológicos, incluindo o cancro endometrial, também colocam um pesado fardo de cancro nas mulheres em todo o mundo (Sankaranarayanan et al, 2013).

A ocorrência de cancros ginecológicos numa idade cada vez mais jovem coloca um problema tanto em termos de preservação da fertilidade como de gestão da fertilidade. As actuais contribuições em termos de trabalho de investigação sobre tumores uterinos serão em breve responsáveis pelos novos avanços que irão sem dúvida caracterizar o futuro da investigação clínica em cancros ginecológicos (Buzdar et al, 2006).

2. Situação dos tumores uterinos na Argélia

a. Situação global

As estatísticas completas sobre os cancros ginecológicos relatados na Argélia são insuficientes. Os quadros abaixo mostram alguns números relativos a tumores uterinos na Argélia.

Quadro 7. Novos casos cumulativos estimados em 2018, tumores uterinos, todas as idades, na Argélia (GLOBOCAN, 2018)

População	Número	Taxa bruta*	ASR (Mundo)
África do Norte	12 244	10.3	11.7
Argélia	2 142	10.3	10.9

** Taxas brutas e padronizadas por 100.000 habitantes; RSA: Taxa padronizada por idade*

Quadro 8. Número estimado de novos casos e mortes para cada tipo de tumor uterino na Argélia (GLOBOCAN, 2018)

CID	Cancro	Número	Mortalidade	Taxa bruta*	ASR (Mundo) *
C00 - 97	**Todos os cancros**	29 112	13 391	140,0	140,6
C50	Peito	11 847	3 367	57,0	55,6
C53	Cérvix útero	1 594	1 066	7.7	8.1
C56	Ovário	992	588	4.8	4.9
C54	Corpus uteri	436	73	2.1	2.3
C51	Vulva	76	27	0,37	0,36
C52	Vagina	36	16	0,17	0,18

** Taxas brutas e padronizadas por 100.000 habitantes; RSA: Taxa padronizada por idade*

b. Situação em Argel

A tabela abaixo mostra alguns números relativos a tumores uterinos na região de Argel.

Quadro 9. Principais localizações de cancros ginecológicos em Argel em 2017 (INSP, 2019)

Localização	Pessoal	Frequência relativa (%)	Impacto bruto	Impacto padrão
Peito	1605	38.4	88.4	82.2
Cérvix uterino	155	3.7	8.5	8.1
Ovário	152	3.6	8.4	8.3
Corpo uterino	93	2.2	5.1	5

3. Classificações de cancros ginecológicos

O princípio da classificação dos cancros ginecológicos é dividir as diferentes fases de desenvolvimento clínico, anatómico e histológico de cada um destes cancros em 4 fases. O objectivo é ajudar os clínicos na gestão terapêutica, permitir a avaliação prognóstica, ajudar os clínicos na avaliação dos resultados do tratamento, facilitar a troca de informações entre as diferentes equipas e, assim, permitir a comparação de resultados e o aumento de conhecimentos (Pettersson 1991; Odicino et al, 2008). Baseia-se no exame clínico, uma vez que também se baseia em dados de exames complementares de imagem, em particular RM, cirurgia e análise histológica de biópsias e espécimes cirúrgicos (Carcopino et al, 2013). O diagnóstico bem como a classificação envolvem cada vez mais técnicas complementares como a imuno-histoquímica, citogenética e biologia molecular (Mosnier et al, 2005).

Alguns estudos mostram que o estadiamento clínico subestima a extensão da doença, apesar de todas as modalidades utilizadas na investigação pré-operatória. De facto, em 15% a 20% dos casos, as análises histopatológicas finais revelam a presença de uma fase mais avançada do que a que tinha sido estabelecida. É por esta razão que a avaliação da extensão da doença ainda hoje se baseia no estadiamento cirúrgico da Federação Internacional de Ginecologia e Obstetrícia (FIGO) criada em 1988 e modificada em 2009 (Brassard e Bessette, 2012).

3.1. As diferentes referências em termos de classificações dos cancros ginecológicos

As várias classificações dos cancros ginecológicos pélvicos foram modificadas de um dia para o outro de acordo com a melhoria dos conhecimentos médicos e a evolução das práticas em cancerologia ginecológica (Gospodarowicz et al, 1998).

Actualmente existem quatro classificações principais de cancros ginecológicos:

1. A classificação da Federação Internacional de Ginecologia Obstetrícia e Ginecologia (FIGO) que se tornou o primeiro patrocinador oficial do relatório anual em 1958 (Benedet et al, 2006);
2. A classificação TNM da União Internacional Contra o Cancro criada pelo Dr Pierre Denoix entre 1943 e 1952 (UICC) tinha sido adoptada desde 1933 (Denoix e Schwartz, 1959);
3. O Comité Misto Americano contra o Cancro (AJCC) em 1965 tentou desenvolver uma classificação para cada tipo de cancro, e em 1976 aderiu à Classificação Internacional (FIGO) (Kottmeier, 1982).
4. A classificação histopatológica da OMS, actualizada pela última vez em 2014.

As classificações actualmente publicadas do Sistema TNM foram aprovadas pela FIGO, UICC, e Comités Nacionais incluindo o AJCC (Wittekind et al, 2005).

A classificação FIGO tem sido discutida e validada por comités da UICC, da AJCC e da Organização Mundial de Saúde (OMS) nos últimos 30 anos. Estas três classificações parecem ser praticamente idênticas e o objectivo da colaboração internacional é ter apenas uma classificação (Carcopino et al, 2013).

De acordo com o modelo clássico dualista introduzido por Bokhman em 1983, o cancro endometrial foi classificado em dois tipos. O protótipo histológico do tipo I: tumores endometrióides de baixo grau, principalmente relacionados com estrogénio, fortemente associados à obesidade e outros componentes da síndrome metabólica, e tipo II: tumores não endometrióides de alto grau (Wilczyńskiet al, 2016; Suarez et al, 2017).

Caso contrário, existem outras novas classificações que se centram em novas entidades da doença para uma melhor gestão. Por exemplo, o Atlas do Genoma do Cancro (CGA) definiu recentemente quatro tipos clinicamente distintos de cancro endometrial com base na sua carga global de mutação, p53, mutações específicas de POLE e PTEN, instabilidade e histologia por microsatélite (Suarez et al, 2017).

3.2. Classificação histomolecular, por exemplo, carcinomas endometriais

Os carcinomas endometriais são geralmente classificados em 2 grandes grupos histomoleculares. Esta classificação, baseada na integração de dados anatomopatológico e molecular, foi desenvolvido para reflectir melhor 2 grandes vias histogénicas e 2 grandes grupos prognósticos (Quadro 10).

Quadro 10. Os 2 principais tipos de carcinomas de o endométrio (Just et al, 2015).

	Carcinoma tipo I	Carcinoma tipo II
Frequência (%)	Aproximadamente 80	Cerca de 20
Descriçã o do modelo	Carcinoma endometrióide de baixo grau	Carcinoma Seroso
Outros tumores na categoria	Carcinoma endometrióide de grau 3 Carcinoma mucinoso	Carcinoma de células claras Carcinoma indirecto erenciado Carcinoma misto com >_5%_tipo_II Carcinoma
Forma de carcinogénese	Dependente de hormonas	Hormono-Independente Instabilidade cromossomática
Endométrio adjacente	Hiperplástico	Atrófico
Precursor	Hiperplasia endometrial atípica	Carcinoma seroso in situ
Expressão dos receptores hormonal (%)	> 80	60- 70
Transferência de TP53	Ausente	Presente
Outras alterações genéticas	Mutações *PIK3CA* (exon 9), *CTNNB1, KRAS, PTEN* Instabilidade dos microssatélites	*PIK3CA* mutações (exon_20) *HER2* Catiões amplificadores Expressão excessiva de P16
Idade média no diagnóstico (anos)	59	66
Etapa I (%)	80	10
Sobrevivência (%)	> 80	40

3.3. Rumo a um novo paradigma? O TCGA

Em 2006, o Instituto Nacional do Cancro e o Instituto Nacional de Investigação do Genoma Humano realizaram diferentes tipos de análises moleculares de alto rendimento em amostras normais abrangendo 33 tipos de cancros, o resultado foi a caracterização molecular de mais de 20.000 cancros primários de diferentes tipos histológicos (Kandoth et al, 2013), estes estudos identificaram 4 subtipos de tumores principais (Quadro 11).

Quadro 11. Classificação dos carcinomas endometriais em 4 grupos moleculares de acordo com o projecto TCGA (Just et al, 2015)

Grupo	Frequência	Tipos histológicos principais frequentes molecular	Pronostic	Potencial marcador	características mais substituto como uma questão de rotina
Ultramu té	7 %	Frequência transformacional muito alto (*C > A*) Mutações de *POLE*	Endometrioid, dos quais grau elevado	Muito bom	Transferência da *POLE*
Hyperm uté	28 %	Frequência alta mutação Instabilidade microsatélite	Endometrioid	Intermediário	Imuno-histoquímica *MLH1, PMS2, MSH2, MSH6* (perda de expressão)
Nombr e de exempla res Baixo	39 %	Baixa frequência mutacional Mutações do *CTNNB1*	Endometrioid	Intermediário	Imuno-histoquímica *P53* (marcação fraco/focal)
Nombr e de exempla res Alto	26 %	Instabilidade cromossómico Mutações de *TP53*	Séreux Endometrioid de grau 1/2	Pejorativo	Imuno-histoquímica *P53* (marcação intenso e difuso ou completamente ausente)

4. Etiologia

O cancro endometrial é classicamente um cancro de mulheres na pós-menopausa. A prevalência do pico é de cerca de 59 anos, com pico de incidência entre os 50 e 70 anos de idade (Blair e Casas, 2009). Os principais factores de risco são o hiperestrogenismo e factores genéticos (síndrome de Lynch 2 - 4 a 11% dos doentes). Os factores de risco de cancro endometrial são obesidade, nuliparidade, menopausa tardia e/ou puberdade precoce, diabetes e/ou tensão arterial elevada e uso de tamoxifeno. Além disso, o efeito protector da terapia combinada de hormonas estrogénicas e progesterona mostra um efeito protector (Collinet et al, 2008).

Embora o cancro endometrial seja o cancro mais comum, outros cancros que dizem respeito à esfera ginecológica têm - mesmo assim - uma etiologia própria. Há provas consideráveis de que o excesso de peso corporal está associado a riscos de desenvolvimento de muitos tipos de cancro, incluindo o cancro do corpo do útero (endométrio) e do ovário (ACS, 2018). O quadro seguinte apresenta esta etiologia.

Tabela 12. Etiologia dos cancros ginecológicos (OMS, 2020)

Sítio de origem	Agente
Corpus uteri ***(endométrio)***	Estrogenoterapia menopausal Tratamento da menopausa estrogénio - progestina Tamoxifen
Vagina	Diethylstilbestrol (exposição in utero) Papilomavírus humano tipo 16
Vulva	Papilomavírus humano tipo 16
Múltiplos locais ***(não*** ***especificados)***	Cyclosporine Produtos de fissão, incluindo o estrôncio-90 Radiação X, radiação γ (exposição in utero)

5. **Imunoprofile dos cancros uterinos e os seus diagnósticos diferenciais**

O diagnóstico diferencial inclui vários subtipos de tumores uterinos, tais como carcinomas celulares serosos e claros. As estratégias de distinção entre estas entidades são apresentadas no Quadro 13, que representa um resumo histológico e imuno-histoquímico útil no diagnóstico e diagnóstico diferencial de tipos e subtipos de tumores ginecológicos.

Quadro 13. Immunoprofile and histoprofile of gynaecological cancer types (Allen et al, 2006; Soslow e Oliva, 2009)

Painel Tumour /		conditionMarker
Cordão sexual estromal		*Inibina, vimentina, calretinina, CD99, ± CAM5.2, AE1/AE3, EMA, Ki-67*
Útero, mesenquimal	Leiomyomatous	*desmin, h-caldesmon, ocitocina, actina... Sm, ± CD10, Ki-67*
	Estromal	*CD 10, Ki-67, ± desmin, h-caldesmon, actin Sm*
Carcinoma do endométrio		*ER, Vimentin, CAM5.2, AE1/AE3, CK7, ± CK20, CD 10, p53* (seroso)
	Adenocarcinoma endometrióide:	Hiperplasia endometrial; Metaplasiasquameusa , moroso, mucinoso; Contornos luminosos suaves ; *ER, PR, vimentina positiva; p53, p16, CEA negativa (FIGO* graus 1 e 2).
	Carcinoma seroso:	Pasdemétaplasie escamoso, moroso, mucinoso; Contornos luminosos serrilhados ; Espaços em formado fenda do pleomorfismo citológico; sobreexpressão das *p53, p16* e vimentina positiva; *ER, PR, CEA* negativo ou fracamente positivo.
	Carcinoma c om células claras:	Células de *Hobnail*; Estroma hialino; Pleomorfismo citológico; *Vimentina* positiva; *ER, PR, CEA* negativa ou fracamente positiva; variável positiva

	p16 e p53.
	Ki-67, p16, bcl-2
Cérvix - CGIN	Paciente em pré ou perimenopausa;
	As imagens e o exame clínico favorecem a cervical primária;
	História de manchas anormais;
Adenocarcinoma endocervical:	Mais tecido na curetagem endocervical do que na curetagem endometrial;
	Adenocarcinoma endocervical in situ ou displasia escamosa ;
	Núcleos grandes, alongados, pseudostratificados, manchados de preto; Abundante actividade mitótica, incluindo formas para a parte apical das células ;
	Abundantes corpos apoptóticos;
Adenocarcinoma cervical	Expressão difusa da *CEA* e *p16.*
	CEA, CK7, ± CK20 (*ER/vimentin* negativo), *p16*
Toupeira Hydatidiforme	*p57 kip2* em parcial/completo (presente/ausente)

Actin Sm, actina muscular lisa; TTF-1, factor de transcrição da tiróide; CK, citoceratinas: (ex. CK7, 20) ou cocktails: CAM5.2, CKs 8, 18, 19; 34βE12, CKs 1, 5, 10, 14; AE1 / AE2 / AE3 / AE4 AE3, CKs 10, 15, 16, 19 / 1-8; AFP, alfa-fetoproteína; HCG, gonadotropina coriónica humana; PLAP, fosfatase alcalina placentária; Hep Par1, anticorpo hepatócito; CCR ab, anticorpo carcinoma de células renais; CD56, molécula de adesão de células neurais (NCAM); Ki-67, MIB 1; ER, receptor de estrogénio; PR, receptor de progesterona; PSA, antigénio específico da próstata; PSAP, fosfatase ácida específica da próstata; AMACR, co-enzima alfa-metilacril A; tdt, desooxinucleotidyltransferase terminal; ALK, linfoma cinase anaplástica; LMP1, proteína de membrana latente (EBV); EBER, RNA codificado com EBV (hibridação in situ); MSI-H, alto nível de instabilidade dos microssatélites.

6. Tumores uterinos (Tumores do útero)

Durante mais de 37 anos, a OMS - no seu Livro Azul - optou por uma classificação chamada *Classificação Internacional de Doenças para Oncologia para* codificar a localização anatómica (topografia) e histológica (morfologia) dos tumores, informação geralmente obtida a partir de relatórios de patologia. Em acordo com o *College of American Pathologists*, a parte morfológica do CID-O está incluída nas secções 8 e 9 do capítulo *Morfologia* do SNOMED (*Nomenclatura Sistematizada de Medicina*) (Fritz et al, 2008).

Uma classificação histopatológica deve ser descritiva, reflectir a biologia e o comportamento e servir três objectivos:

1) servir de guia para a gestão clínica;

2) para fornecer um enquadramento para a organização de doenças que ajude a fazer avançar a investigação científica ;

3) servir como um instrumento educativo.

Os códigos morfológicos são retirados da Classificação Internacional de Doenças Oncológicas (CID-O) (Fritz et al, 2000). O comportamento é codificado

0 para tumores benignos,

1 por comportamento não especificado, limite ou incerto,

2 para carcinoma in situ e neoplasia intra-epitelial de grau III e

3 para tumores malignos. Estes novos códigos foram aprovados pelo Comité CIIC/OMS para a CID-O em 2013 (Kurman et al, 2014).

6.1 Tumores e precursores epiteliais

O tipo histológico habitual de cancro endometrial é o adenocarcinoma, e existem duas grandes categorias de adenocarcinoma endometrial:

- o tipo endometrióide mais comum (80%) ;
- o tipo não endometrióide que é composto por várias sub-entidades (CoPath, 2013).

O cancro endometrial é um dos tumores ginecológicos mais comuns em todo o mundo. Afecta frequentemente as mulheres no período pós-menopausa, mas também pode ser visto na peri-menopausa e por vezes até em mulheres jovens, especialmente quando existe um contexto de predisposição genética. A sua incidência está a aumentar em todo o mundo, especialmente nos países industrializados (Belhaddad, 2019).

6.1.1 Precursores epiteliais

6.1.1.1 Hiperplasia sem atipias

A hiperplasia endometrial sem atipias é uma proliferação exagerada de glândulas de tamanho e forma irregulares, com um aumento associado da relação glândula/estámago em relação ao endométrio proliferativo, mas sem atipias citológicas significativas.

Também pode ser referida como Hiperplasia Endometrial Benigna; Hiperplasia Endometrial Simples Não-Atípica; Hiperplasia Endometrial Complexa Não-Atípica; Hiperplasia Endometrial Simples sem Atipias; Hiperplasia Endometrial Complexa sem Atipias. As associações de factores de risco incluem obesidade, síndrome do ovário policístico e diabetes (Zaino et al, 2014).

Histopatologia

Uma série de mudanças é típica. As glândulas variam em tamanho e forma e podem ser separadas por várias camadas de estroma, incluindo um grande congestionamento com pouco estroma intermédio. A duração e dose da exposição ao estrogénio afecta o aspecto geral (Mutter et al, 2000; Zaino et al, 2014). As glândulas são distribuídas irregularmente (Zaino et al, 2014) e apresentadas (Fadar e Roma, 2019), criando uma densidade variável de glândulas no estroma. Enquanto algumas glândulas podem ter uma arquitectura enrolada normal, outras ramificam-se ou são cisticamente expandidas. O epitélio é do tipo colunar estratificado, com figuras mitóticas frequentes. A hemorragia focal e a ruptura do estroma são comuns.

A proliferação de glândulas sem atipias citológicas maior do que a do endométrio proliferativo normal mas menor do que a aglomeração observada na hiperplasia que tem sido descrita como "fase proliferativa desordenada". Abriga baixos níveis de

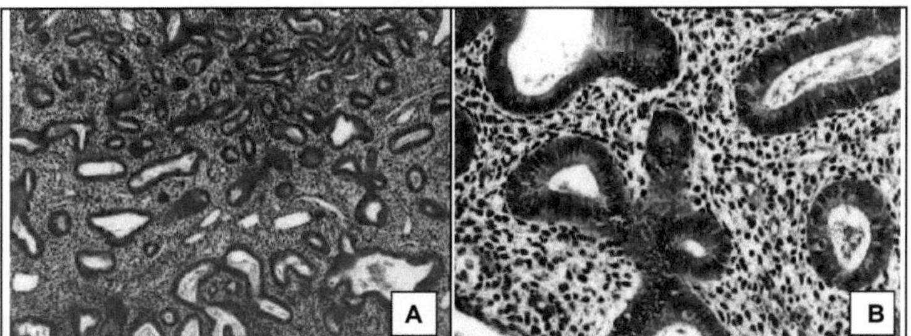

Fig 6.1. Hiperplasia, sem atipias (Zaino et al, 2014). A: As alterações arquitectónicas incluem ramificações glandulares, dilatação e apinhamento. B: As células que revestem as glândulas são cilíndricas com núcleos em forma de charuto e são perpendiculares à membrana do porão.

mutações somáticas em glândulas dispersas histologicamente banais (Fig. 6.1)

A progressão para um carcinoma endometrial bem diferenciado ocorre em 1-3% das mulheres com hiperplasia sem atipia (Zaino et al, 2014).

6.1.1.2. A hiperplasia atípica/neoplasia intra-epitelial endometrióide 8380/2

Atipia citológica sobreposta à hiperplasia endometrial define hiperplasia atípica (AH)/neoplasia intra-epitelial endometrióide (EIN). O hiperoestrinismo endógeno ou exógeno é um factor de risco.

Características clínicas

O sangramento pós-menopausa ou hemorragia vaginal anormal em mulheres perimenopausais é o sintoma mais comum. HA/NIA coexiste com o carcinoma em aproximadamente 25-40% das mulheres (Zaino et al, 2014).

Anatomo-histopatologia

O aspecto bruto é variável. O endométrio pode ser difusamente espessado até 1 cm e pode aparecer como um espessamento focal visível que se assemelha a um pólipo.

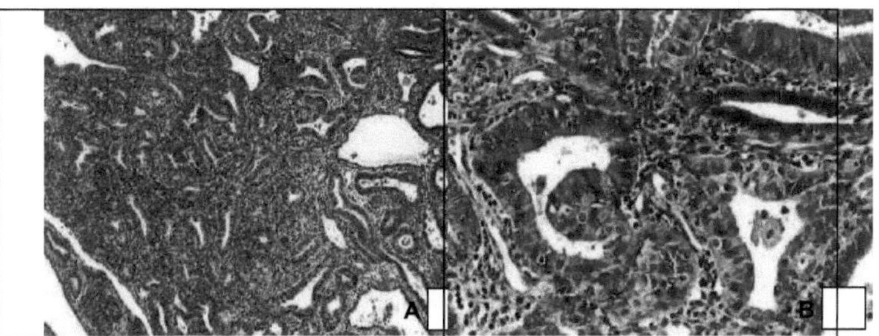

Fig 6.2. Hiperplasia atípica/neoplasia intra-epitelial endometrióide (Zaino et al, 2014).
Uma Arquitectura de modificações, incluindo agregados de glândulas que excedem o volume do estroma. O aglomerado glandular é visível a baixa ampliação. **B** A citologia das glândulas afectadas (campo médio direito e esquerdo) difere da das glândulas de fundo e inclui o alargamento nuclear, arredondamento, perda de polaridade, pleomorfismo e nucléolos proeminentes.

Contudo, muitas lesões carecem de características macroscópicas distintivas (Rahimi et al, 2009). O aspecto macroscópico é frequentemente mascarado por hiperplasia sem atipias, pólipo endometrial ou carcinoma, cada um presente em cerca de um terço dos casos (Carlson e Mutter, 2008; Mutter et al, 2008).

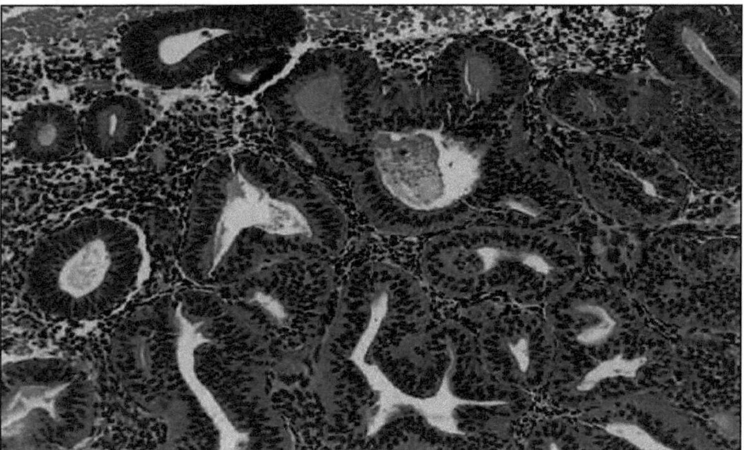

Fig 6.3. AH/EIN (Fadar e Roma, 2019). As glândulas sobrepovoadas apresentam ligeiro arredondamento nuclear e citoplasma eosinofílico, mas carecem de nucleolomegalia, pleomorfismo ou cromatina vesicular.

HA/INA é composto por agregados apinhados de glândulas tubulares ou ramificadas alteradas citologicamente (Fig. 6.2 A). Dentro dos limites geográficos da lesão, a superfície das glândulas excede a do estroma, resultando num apinhamento glandular com pouco estroma intermédio (mais glândulas do que estroma num fragmento individual), que é uma característica chave que pode ser observada (Zaino et al., 2014; Fadar & Roma, 2019).

A distinção entre hiperplasia endometrial sem atipias e AH/EIN baseia-se na atipia nuclear (Fig. 6.2 B) que pode incluir alargamento, pleomorfismo, arredondamento, perda de polaridade e núcleos (Baak et al, 1998; Kurman et al, 1985). A atipia nuclear é variável e é tanto qualitativa como quantitativa (Zaino et al, 2014).

A atipia pode ser equívoca, onde há congestão glandular (Fig. 6.3), está sujeita a alguma variabilidade interobservador. Uma das principais causas desta variabilidade inter-observador é a metaplasia (Fadar e Roma, 2019) mas continua a ser problemática. O HA/NIA é frequentemente acompanhado por alterações metaplásicas que não afectam os resultados clínicos, mas como mostram arredondamento e alargamento nuclear, as alterações metaplásicas aumentam a dificuldade de diagnóstico de atipias nucleares. Portanto, o diagnóstico de atipia é facilitado pela comparação do epitélio não metaplásico com as glândulas normais adjacentes quando presentes, ou áreas de hiperplasia que não mostram alterações metaplásicas.

Alguns estudos demonstraram que o HA/INA emerge - após uma estimulação estrogénica contínua sem oposição - como um processo clonal que começa como uma lesão localizada geralmente num contexto de hiperplasia sem atipias (Zaino et al, 2014).

O perfil genético do HA/INA contém muitas das alterações genéticas observadas no carcinoma endometrióide do endométrio (Matias-Guiu e Prat, 2013). Estes incluem instabilidade dos microssatélites, inactivação do PAX2 e mutação do PTEN, KRAS e CTNNB1 (β-catenin) (Matias-Guiu et al, 2001; Monte et al, 2010).

Susceptibilidade Genética

A susceptibilidade hereditária ao HA/INA é paralela à das síndromes hereditárias associadas a um risco acrescido de carcinoma endometrial. Estes incluem a síndrome de Cowden (Eng, 2003) e a síndrome de Lynch (cancro do cólon hereditário não-polipose) (Meyer et al, 2009).

As estimativas de elevação de risco a longo prazo variam de 14 vezes nos estudos convencionais e iniciais de HA (Kurman et al, 1985) a 45 vezes nos estudos EIN (Baak et al, 2005).

6.1.2. Carcinomas do endométrio

6.1.2.1. Carcinoma endometrióide 8380/3

O tipo habitual de carcinoma endometrióide é uma neoplasia glandular com uma configuração acinar, papilar ou parcialmente sólida, mas sem as características nucleares do carcinoma seroso endometrióide.

As mulheres na pós-menopausa com maiores concentrações totais de estrogénio têm uma maior predisposição para o carcinoma endometrial, tal como as mulheres com síndrome do ovário policístico ou tumores ovarianos produtores de estrogénio (Kaaks et al, 2002), idade precoce na menarca, idade mais tardia na menopausa, nuliparidade ou obesidade. Uma história familiar positiva de carcinoma endometrial, síndrome de Lynch ou síndrome de Cowden aumenta o risco de carcinoma endometrial (Zaino et al, 2014).

Os factores protectores incluem idade tardia no primeiro e último nascimento (Hemminki et al, 2005; Karageorgi et al, 2010; Pocobelli et al, 2011), terapia de substituição hormonal combinada contínua, contraceptivos orais (alta potência de progestina), progestinas injectáveis, dispositivos intra-uterinos, tabagismo e ligação das trompas.

O carcinoma endometrióide compreende três tipos codificados de acordo com o DCI-O na CE com Diferenciação Squamous, Villoglandular e Secretory Differentiation (Fig. 6.4) (Zaino et al, 2014).

Os doentes com estenose cervical podem ter dor pélvica, ou células glandulares malignas podem ser encontradas na citologia cervical (Zhou et al, 2007; Li et al, 2012). As mulheres com doença avançada podem apresentar distensão abdominal, pressão pélvica ou dor.

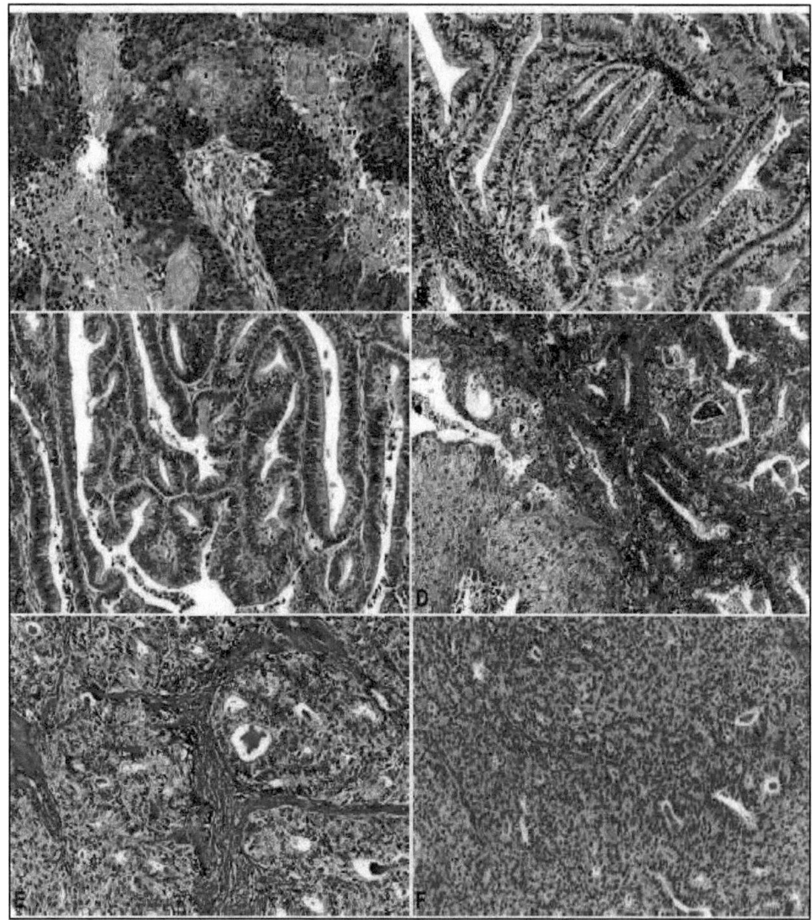

Fig 6.4. Carcinomas endometrióides (Zaino et al, 2014). **Um** carcinoma endometrióide de alto grau (FIGO grau 3). Trabéculas sólidas de células com atipias nucleares moderadas. Note-se a diferenciação e necrose escamosas entrelaçadas. **B** Carcinoma endometrióide com diferenciação secreta. Os vacúolos claros subnucleares e supra-nucleares estão presentes no citoplasma das células colunares estratificadas. **C** Carcinoma endometrióide bem diferenciado (FIGO grau 1). Menos de 5% do tumor tem um padrão de crescimento sólido. **D** Carcinoma endometrióide com diferenciação escamosa. A diferenciação escamosa é manifestada por folhas de células poligonais com abundante citoplasma eosinofílico na parte inferior esquerda desta imagem, enquanto o resto do neoplasma mostra a típica diferenciação endometrióide glandular. **E** Carcinoma endometrióide moderadamente diferenciado (FIGO grau 2). Entre 6% e 50% do neoplasma está disposto em ninhos sólidos. **F** Carcinoma endometrióide de grau elevado, pouco diferenciado (FIGO grau 3). Mais de 50% do tumor está disposto como folhas sólidas de células neoplásicas.

Anatomo-histopatologia

Os tumores podem formar um ou mais nódulos bronzeados discretos, enquanto outros são difusos e exóficos. Necrose e hemorragia são variáveis. Um subconjunto de tumores aparece principalmente no segmento uterino inferior.

O carcinoma endometrióide apresenta geralmente uma arquitectura glandular ou villoglandular delimitada por um epitélio colunar estratificado com uma arquitectura ramificada, complexa e ramificada. As células da mucosa são geralmente colunares e partilham uma fronteira apical comum com as células adjacentes, resultando num lúmen glandular com contornos suaves. O citoplasma das células neoplásicas é eosinófila e granular. A atipia nuclear é geralmente suave a moderada, com núcleos discretos, excepto em carcinomas pouco diferenciados. O índice mitótico é altamente variável (Fig. 6.4).

A distinção entre carcinoma endometrióide bem diferenciado e HA/INA baseia-se na presença de invasão do estroma, definida pela perda do estroma intermédio (um padrão glandular ou cribriforme confluente), um estroma endometrióide alterado (reacção desmoplástica), ou arquitectura papilar (padrão villoglandular) (Kurman e Norris, 1982; Zaino et al, 2014).

Classificação

Os carcinomas endometrióides são classificados principalmente pela sua arquitectura, sendo aqueles com crescimento sólido de 5% ou menos considerado de grau 1, aqueles com crescimento sólido entre 6 e 50% considerado de grau 2, e aqueles com crescimento sólido superior a 50% de neoplasma considerado de grau 3 (Creasman, 2009). A presença de núcleos de grau 3 envolvendo mais de 50% do neoplasma indica um comportamento mais agressivo e, por conseguinte, justifica a regraduação do tumor para grau (Zaino et al, 1995).

Invasão Myometrial

A mio-invasão é medida desde a junção endomiométrica até ao ponto mais profundo de invasão. Os tumores que envolvem o segmento uterino inferior podem ser de origem endometrial ou cervical (Zaino et al, 2014).

Carcinoma endometrióide com diferenciação escamosa

Entre 10 e 25% dos carcinomas endometrióides contêm focos de diferenciação escamosa (Zaino, 2000), caracterizam-se pela formação de contas de queratina, pontes intercelulares ou massas sólidas de células com um citoplasma denso, poligonal, eosinófilo e membranas celulares distintas. A diferenciação escamosa pode ser na interface do estroma ou como mórulas, preenchendo a

(Fig. 6.4 D). A diferenciação escamosa não está incluída na estimativa de crescimento sólido para a classificação do adenocarcinoma endometrióide (Zaino et al., 2014). ___Carcinoma Endometrióide com Diferenciação Secreta___

Menos de 2% dos adenocarcinomas endometrióides típicos são compostos por células colunares contendo vacúolos simples, grandes, sub ou supra-nucleares de glicogénio em vez de citoplasma eosinofílico (McMeekin et al, 2009). Portanto, assemelham-se às glândulas endometriais da fase de secretariado. Embora isto ocorra por vezes em mulheres mais jovens em idade fértil ou em mulheres tratadas com progesterona, a maioria foi encontrada em mulheres na pós-menopausa não tratadas. Os carcinomas endometrióides clássicos com diferenciação secreta são quase sempre bem diferenciados (Fig. 6.4. B).

Os modelos menos comuns de carcinoma endometrióide incluem os tipos villoglandular, serioliforme e microglandular (Zaino et al, 2014).

Imuno-histoquímica

Por vezes a distinção entre carcinoma endocervical e carcinoma endometrial bem diferenciado é difícil. A expressão imunohistoquímica dos receptores de estrogénio e progesterona favorece a origem endometrial, enquanto que a ausência destes receptores hormonais, juntamente com a reactividade difusa para p16 ou a hibridação in situ positiva para HPV, é compatível com a origem endocervical (Ansari et al, 2004).

Perfil genético

As alterações mais comuns incluem a mutação ou inactivação de *PTEN* (>50%), PIK3CA (30%), PIK3R1 (20-43%*), ARID1A* (40%*) em* carcinomas de baixo grau), KRAS (20-26%*) e* TP53 (*30%* em carcinomas endometrióides de grau 3 (Lax et al, 2000). Aproximadamente 35% dos tumores mostram instabilidade por microsatélite. No carcinoma endometrióide esporádico, a instabilidade dos microssatélites é mais frequentemente devida à hipermetrotilação do promotor do gene *MLH1*. Aproximadamente 10% dos tumores têm mutações *POLE*, resultando numa frequência ultra-alta de mutações (Zaino et al, 2014).

Susceptibilidade Genética

A síndrome do linchamento (cancro colorrectal hereditário não-polipose hereditário, HNPCC) é causada pela transmissão da linha germinal de genes defeituosos de reparação de incompatibilidade de ADN (MSH2, MLH1, MSH6 e PMS2) resultando num padrão de herança autossómico dominante. É a causa mais comum de carcinoma endometrial familiar e está também associada a um risco acrescido de cancro do cólon. Existe um risco de 25-60% de desenvolver carcinoma ao longo da vida (Abu-Rustum et al, 2010). A idade média de início de

O carcinoma endometrial associado ao linchamento é mais novo do que o cancro esporádico. Os carcinomas em mulheres com síndrome de Lynch são relativamente mais comuns no segmento uterino inferior. A síndrome de Cowden é uma desordem autossómica dominante causada por uma mutação da linha germinal do PTEN. O risco estimado de carcinoma endometrial ao longo da vida é de 28%. A idade média de diagnóstico é nos anos quarenta (Ross et al, 1983).

Prognóstico e Factores Preditivos

O estádio FIGO, a idade, o grau histológico, a profundidade da invasão miométrica, e a invasão linfovascular são os preditores mais importantes do envolvimento e do resultado dos gânglios linfáticos, e geralmente aplicam-se igualmente ao carcinoma endometrióide e às suas variantes com diferenciação escamosa, secretora, ou villoglandular (Zaino et al, 2014).

O risco de propagação e recorrência nodal está relacionado com a profundidade da invasão miométrica. A invasão miométrica na metade externa está associada a uma diminuição significativa da sobrevivência. Carcinoma confiado à adenomose, na ausência de invasão miométrica, não altera o prognóstico e não melhora o tumor.

6.1.2.2. Carcinoma mucinoso 8480/3

É um carcinoma do endométrio, mostrando abundante mucina intracitoplasmática em pelo menos 50% das células epiteliais tumorais (Fadar e Roma, 2019). O carcinoma mucinoso é responsável por 1-9% dos carcinomas endometriais (Ross et al, 1938).

As características clínicas são semelhantes às do tipo habitual de carcinoma endometrióide. A idade das pacientes varia entre 47 e 89 anos com hemorragia vaginal. Os tumores são quase sempre estágio I. Uma associação com terapia de estrogénio não é invulgar. Estudos de Musa et al (2012) e Gungorduk et al (2015) relataram que os carcinomas mucosos metástases para os gânglios linfáticos pélvicos são mais frequentes do que os carcinomas endometrióides.

Anatomo-histopatologia

Os carcinomas mucosos podem ser suspeitos pela sua textura gelatinosa ou mucóide.

O carcinoma mucinoso (Fig. 6.5) tende a ter uma arquitectura glandular ou villoglandular delimitada por células mucinosas colunares uniformes com estratificação mínima (Zaino et al, 2014). Caso contrário, a sua aparência pode tomar a forma de glândulas cribriformes; glândulas confluentes não descritas; papilas de complexidade variável; ou mesmo crescimento sólido. Cistos mucosos e/ou mucina extravasada podem também estar presentes (Fadar e Roma, 2019). Mucin é reconhecido como glóbulos basofílicos ou um citoplasma granular ligeiramente pálido que é positivo para a mucicarina e a ECA. A diferenciação escamosa está frequentemente presente. A atipia nuclear é suave a moderada e a actividade mitótica é variável mas baixa. Pequenas áreas endocervicais semelhantes a glândulas do tumor estão presentes em cerca de metade dos tumores e podem causar confusão com o carcinoma endocervical. A imuno-histoquímica pode ser útil nesta distinção (Zaino et al, 2014; Fadar e Roma, 2019). Nas biópsias endometriais realizadas em mulheres na pós-menopausa e perimenopausa, as lesões mucosas proliferativas são frequentemente difíceis de distinguir da hiperplasia atípica e do carcinoma endometrial bem diferenciado devido à ausência de um estroma endometrial associado. A presença de uma arquitectura confluente ou cribriforme com atipias citológicas mínimas identifica o carcinoma. Proliferações que não apresentem estas características devem ser classificadas como proliferações glandulares atípicas da mucosa. Estas lesões merecem uma investigação mais aprofundada, uma vez que não são raramente associadas a carcinoma de baixo grau subjacente (Nucci et al, 1993).

A invasão do miométrio é normalmente limitada à metade interna (Melhem e Tobon, 1987).

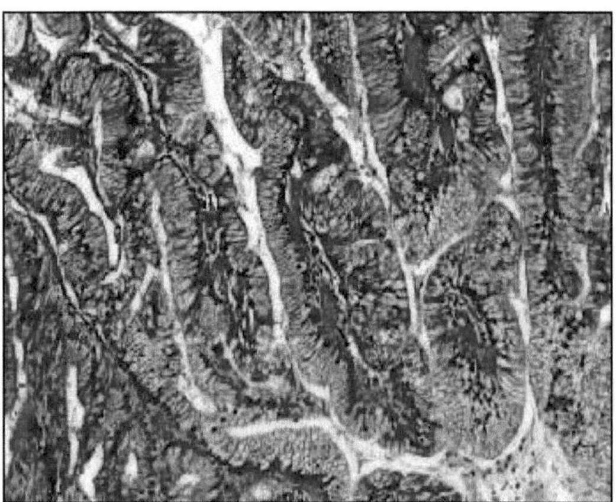

Fig 6.5. Carcinoma mucinoso. A parte apical do citoplasma das células neoplásicas é distendida por um pálido produto secreto basofílico característico da mucina.

Há proliferações mucosas "hiperplásicas", que são mais frequentemente diagnosticadas em biopsias ou curetagens de espécimes. As proliferações mucosas que não têm uma arquitectura cribriforme ou confluente (Fig. 6.5) são classificadas como proliferações mucosas atípicas (AMGP).

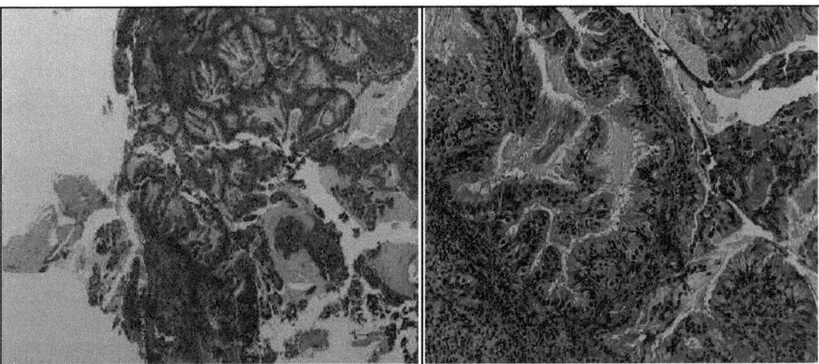

Fig 6.6. Proliferação glandular atípica (AMGP) carcinoma VS (Fadar e Roma, 2019). Esta proliferação é atípica porque existe congestão glandular focal, mas a mudança em si não é suficientemente confluente para ser um diagnóstico de carcinoma. Este caso deve ser classificado como AMGP com um comentário

Os PFMAs mostram mutações KRAS a uma taxa ligeiramente inferior à dos carcinomas mucínicos convencionais (Kurman et al, 2014).

Perfil genético

Há uma elevada prevalência de mutações somáticas do KRAS em carcinomas mucinosos e metaplasias papilares mucosas (Yoo et al, 2012).

6.1.2.4 Carcinoma seroso 8441/3

O carcinoma seroso é caracterizado por uma complexa arquitectura papilar e/ou glandular com pleomorfismo nuclear difuso e marcado.

Códigos ICD-Q

- Carcinoma intra-epitelial seroso do endométrio 8441/2
- Carcinoma seroso 8441/3

Também é chamado carcinoma seroso uterino ou adenocarcinoma seroso. É o tumor prototípico de tipo II. O carcinoma intra-epitelial seroso do endométrio (SEIC) é o precursor imediato do Carcinoma Seroso (ESC). Embora - de acordo com Soslow et al. (2000) e Yan et al. (2010) - a CISE isolada possa ser associada à doença ectópica com uma perfil morfológico, imunofenotípico e molecular semelhante, Fadar e Roma (2019) acreditam que o CEIUS não é considerado uma verdadeira lesão pré-cancerosa. A displasia glandular endometrial (EmGD) tem sido apresentada como a verdadeira lesão pré-cancerosa para ESC, mas esta lesão não foi reconhecida na classificação da OMS. Exame retrospectivo das biópsias que precederam um diagnóstico de EmGD identificado com ESC em até um terço dos casos (Zheng et al., 2007). Um subconjunto de EmGD mostra mutações TP53, e estas mutações são frequentemente congruentes com lesões do CIEM e ESC no mesmo caso (Jia et al, 2008). As mutações no TP53 homologue em modelos de rato resultaram em lesões endometriais compatíveis com o EmGD (Fadar e Roma, 2019).

As mulheres com carcinoma seroso são mais susceptíveis de serem multiparosas, fumadoras actuais, têm ligação das trompas, têm um historial de cancro da mama e/ou um historial de utilização de tamoxifeno, e são menos susceptíveis de serem obesas do que as mulheres com carcinoma endometrióide (Zaino et al, 2014).

As mulheres são pós-menopausadas, com uma idade média no final dos anos 60 e são na sua maioria não caucasianas. A maioria das mulheres sofre de hemorragia pós-menopausa. Embora muitos tenham doenças avançadas, muitas vezes não é visível no exame clínico porque a doença intra-abdominal pode ser microscópica.

As mutações na linha germinal BRCA1/2 podem estar associadas ao desenvolvimento de carcinoma seroso (Segev et al, 2013).

Anatomo-histopatologia

Como estes tumores ocorrem em mulheres mais velhas, o útero é geralmente pequeno mas pode ser aumentado por uma massa tumoral, mas o tumor é frequentemente discreto, aparecendo na superfície de um pólipo endometrial.

O carcinoma endometrial intra-epitelial seroso (SEIC) desenvolve-se frequentemente directamente sobre um pólipo ou no endométrio atrófico.

Quando a lesão está confinada ao epitélio, é classificada como "carcinoma intra-epitelial seroso". É importante reconhecer que mesmo na ausência de uma invasão demonstrável, trata-se de um carcinoma que pode excretar células e metástase extensivamente para locais ectópicos. Uma arquitectura papilar complexa caracteriza a forma pura do carcinoma seroso uterino, embora possa ocorrer um padrão de crescimento sólido e uma arquitectura glandular.

As papilas variam de curtas, ramificadas e hialinas a longas, finas e delicadas. Cada papila fibrovascular é revestida com células epiteliais com grandes núcleos atípicos, núcleos proeminentes e citoplasma esparso (Fig. 6.7).

A superfície luminal aparece muitas vezes com vieiras ou desgastada, uma vez que falta frequentemente uma fronteira apical comum. As figuras mitóticas são numerosas. Quando o tumor invade o miométrio, tem frequentemente glândulas lacrimogéneas (Zaino et al, 2014).

Existe um subconjunto de adenocarcinomas endometriais glandulares de alta qualidade com características ambíguas que podem reflectir diferenciação serosa ou endometrióide (Garg et al, 2010). A coloração imuno-histoquímica da p53 pode ajudar nesta situação, uma vez que a expressão aberrante da p53 (coloração intensa e difusa de pelo menos 75% das células tumorais ou ausência total de imuno-reactividade da p53) se correlaciona com uma mutação TP53 e apoia o diagnóstico de carcinoma seroso.

Por outro lado, a coloração p53 em menos de 75% das células neoplásicas correlaciona-se com o tipo selvagem TP53 e, portanto, o tumor é mais susceptível de ser um carcinoma endometrióide de alto grau, embora alguns carcinomas endometrióides de alto grau contenham uma mutação TP53. A rotulagem muito elevada de Ki-67 é também mais típica de carcinoma seroso mas, tal como as mutações TP53, não exclui o carcinoma endometrióide de alto grau.

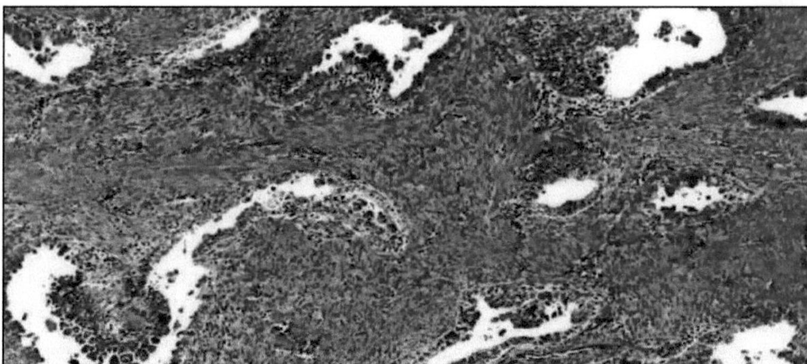

Fig 6.7. Carcinoma seroso, padrão de glândula lacrimal (Zaino et al, 2014). As partes mais profundas dos carcinomas serosos são muitas vezes compostas por glândulas irregulares com um lúmen lacrimogéneo, em vez de papilas. Os núcleos de alta qualidade, juntamente com a margem apical em vieiras, ajudam a definir a lesão como serosa em vez de endometrióide.

Alguns destes tumores podem representar um padrão invulgar de carcinoma seroso e outros podem representar um verdadeiro carcinoma seroso e endometrióide misto. Devido à natureza altamente agressiva do carcinoma seroso, os clínicos consideram que mesmo um componente relativamente menor do carcinoma seroso é equivalente ao carcinoma seroso puro (Zaino et al, 2014).

O carcinoma seroso endometrial intra-epitelial (ISEC) é o precursor imediato não invasivo do carcinoma seroso uterino invasivo. O CISC substitui o epitélio de superfície e/ou glândulas do endométrio sem invadir o estroma circundante e está quase sempre associado a um endométrio atrófico ou polipo endometrial (Ambros et al, 1994). Tanto o CEIUS como o carcinoma seroso uterino partilham características citológicas, incluindo hipertrofia nuclear, atipias e pleomorfismo marcados, e uma elevada relação nuclear/citoplasmática com números mitóticos frequentes e números mitóticos anormais. Uma vez que a distinção histológica do CEIUS da invasão inicial do estroma por carcinoma seroso é frequentemente impossível, recomenda-se que estas lesões nas biópsias sejam referidas como "carcinoma seroso uterino mínimo" (Wheeler et al, 2000).

CEIUS, tal como os carcinomas serosos endometriais convencionais (ESC), tem um padrão de coloração tipo mutação p53, e é também difusamente imunoreactivo para p16 (Fadar e Roma, 2019).

Perfil genético

As mutações somáticas mais comuns no carcinoma seroso uterino incluem TP53 (80-90%), PIK3CA (24-40%), FBXW7 (20-30%) e PPP2R1A (18-28%). A relação

clonal entre o CIEM e o carcinoma seroso uterino associado foi relatado, com as mesmas mutações somáticas em PIK3CA, PPP2R1A, FBXW7 e TP53 (Kandoth et al, 2013; Kuhn et al, 2012).

Prognóstico e Factores Preditivos

Uma característica única do CIEM é que, embora não convide ao endométrio, está frequentemente associado ao carcinoma seroso pélvico disseminado (Zheng e Schwartz, 2005).

O carcinoma seroso confinado ao endométrio tem um excelente prognóstico geral. A propagação ectópica levará quase sempre à recorrência e à morte. É necessário um work-up completo para determinar com precisão o risco de recorrência (Zaino et al, 2014).

6.1.2.5 Carcinoma Células Claras (CCC) 8310/3

O carcinoma de células claras (CCC) é um neoplasma composto por células poligonais ou em forma de sino com um citoplasma claro ou eosinofílico disposto em padrões papilares, tubulocísticos ou sólidos, com pelo menos uma atipia nuclear de alto nível focal. Estes carcinomas endometriais pouco frequentes (2%) são considerados como um dos carcinomas endometriais de tipo II. A multiparidade e o tabagismo são mais comuns, enquanto a diabetes mellitus e a obesidade são menos comuns do que nas mulheres com carcinoma endometrióide (Zaino et al, 2014).

Características clínicas

A hemorragia pós-menopausa é o sintoma mais comum, embora tumores ocasionais sejam diagnosticados pela identificação de células malignas em esfregaços de Papanicolaou. A idade média de diagnóstico é no final da década de 1960 (Abeler e Kjorstad, 1991).

Histopatologia

CCC caracteriza-se pela presença de células poligonais ou em forma de prego (*Hobnail*) com um citoplasma claro a eosinófilo ou menos frequentemente com arquitectura tubulocística, papilar ou sólida (Zaino et al, 2014; Fadar e Roma, 2019).

As papilas são frequentemente curtas e ramificadas, com um estroma hialinizado (Kurman e Scully 1976). A atipia nuclear é importante, com um marcado pleomorfismo nuclear e núcleos de dimensão variável. As figuras mitóticas são normalmente, mas nem sempre, numerosas. Cerca de dois terços dos carcinomas celulares claros contêm células extracelulares ou corpos hialinos que são densamente eosinófilos. O carcinoma celular claro aparece geralmente no fundo do endométrio atrófico ou pólipos endometriais (Fig. 6.8). A dificuldade em distinguir o carcinoma celular claro das variantes serosas ou secretas ou escamosas do carcinoma endometrióide complicou o estudo destes tumores (Zaino et al, 2014).

Imuno-histoquímica

O carcinoma celular claro é normalmente ER e PR negativo e raramente exagera na p53. O índice do marcador Ki-67 é de pelo menos 25-30%. Em contraste, o carcinoma endometrióide de baixo grau é geralmente fortemente positivo para ER e PR e negativo para p53, enquanto o carcinoma seroso é negativo ou fracamente positivo para ER e PR e difidentalmente positivo para p53. As células tumorais expressam HNF-1B na maioria dos casos (Lax et al, 1998).

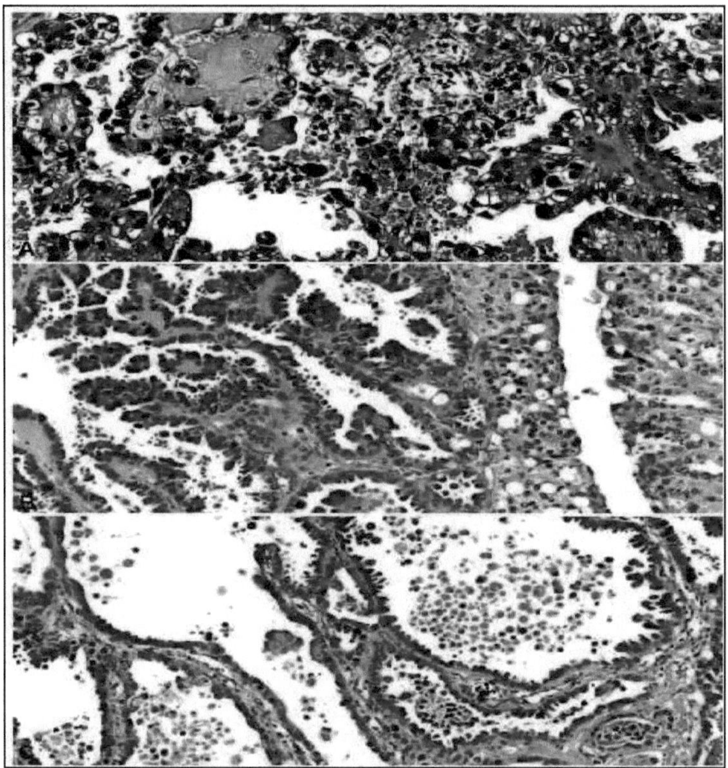

Fig 6.8. Clear cell carcinoma (Zaino et al, 2014) **A** CCC. Citoplasma transparente com células cravejadas (*Hobnail*). As papilas têm núcleos hialinizados. **B** CCC, tipo papila e sólido. O padrão papilar de carcinoma celular claro (esquerda) consiste em papilas ramificadas curtas com núcleos fibrovasculares hialinizados. O citoplasma pode ser claro, eosinófilo ou com a aparência de um cravo. O padrão sólido (à direita) contém células intercaladas com vacúolos citoplasmáticos claros. CCC, padrão tubulocístico. Células cravejadas são frequentemente vistas no padrão tubulocístico, com uma protrusão de citoplasma apical contendo núcleos no lúmen.

Perfil genético

Mutações somáticas em PTEN e TP53 foram relatadas em 30-40% dos casos (An et al, 2004), mutações em PIK3CA em cerca de 20%, com uma frequência mais baixa de mutações KRAS e instabilidade dos microsatélites em cerca de 10-15% (Rudd et al, 2011). A perda de expressão do BAF250a (ARID1A) ocorre em 26% dos carcinomas celulares claros, sem mutação no ARID1A (Wiegand et al, 2011).

A sobrevivência global varia consideravelmente, de 21 a 75%, provavelmente reflectindo uma classificação errada de mímicas histológicas; carcinoma endometrióide seroso e secreto. A maioria dos estudos relatou uma sobrevivência de 5 anos inferior a 50% em qualquer fase (Zaino et al, 2014).

6.1.2.6 Tumores neuroendócrinos

Um grupo diversificado de neoplasias que partilham um fenótipo morfológico neuroendócrino. Os tumores neuroendócrinos são raros, representando <1% dos cancros endometriais e não foram descritos quaisquer factores de risco específicos.

Códigos ICD-O

> **Tumor neuroendócrino de baixo grau**
>
> **Tumor carcinoide 8240/3**
>
> **Carcinoma neuroendócrino de alta qualidade**
>
> **Carcinoma neuroendócrino de pequenas células**
>
> **8041/3 Carcinoma neuroendócrino de grandes células**

Sinónimos   **8013/3**

Para carcinoides: tumor endócrino bem diferenciado, grau 1;

Para carcinoma neuroendócrino de pequenas células: carcinoma de pequenas células ou carcinoma neuroendócrino de pequenas células, grau 3;

Para o carcinoma neuroendócrino de grandes células: carcinoma neuroendócrino de grandes células, grau 3 (Zaino et al, 2014).

Características clínicas

Os tumores neuroendócrinos ocorrem geralmente em doentes pós-menopausa, com uma idade média ao diagnóstico de aproximadamente 60 anos para o carcinoma neuroendócrino de pequenas células (SCNEC) (van Hoeven et al, 1995) e 55 anos para o carcinoma neuroendócrino de grandes células (LCNEC). A hemorragia pós-menopausa é comum, mas muitos casos são diagnosticados numa fase avançada com uma massa pélvica ou vaginal palpável ou dor (Taraif et al, 2009).

Anatomo-histopatologia

O SCNEC produz geralmente grandes massas intraluminais exofíticas polipoides com invasão miométrica variável.

Dois exemplos de tumores primários de carcinoides do corpo uterino foram relatados:

O SCNEC assemelha-se a um pequeno carcinoma celular do pulmão (van Hoeven et al, 1995) e é composto por células ovóides, pouco coesas com cromatina condensada e citoplasma esparso. São frequentes as fundições nucleares, numerosas figuras mitóticas, necroses e corpos apoptóticos (Fig. 6.9).

O padrão de crescimento pode ser difuso, trabecular, aninhado ou ter estruturas ocasionais em forma de roseta (Fadar e Roma, 2019).

Os CNECL são reconhecidos pela sua colocação em ninhos, trabéculas ou cordas que estão bem limitado retira-se cercas periféricas. O células tumorais são grande, poligonal, com núcleos

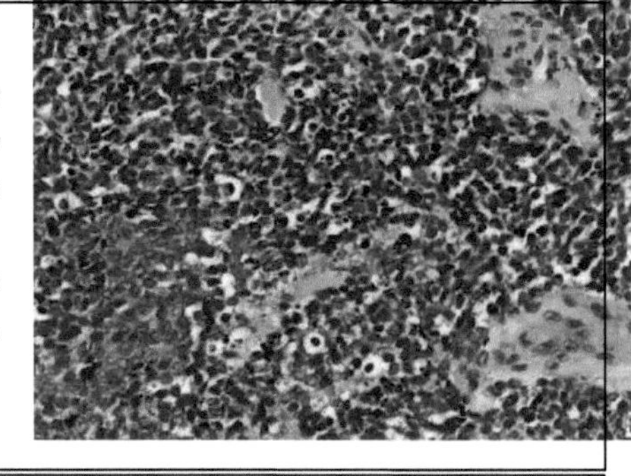

Fig 6.9. Carcinoma neuroendócrino de pequenas células (Fadar e Roma, 2019).

vesiculares ou hipercromáticos e um nucléolo proeminente. Há grande actividade mitótica e necroses necrogeográficas. extensão (Deodhar et al, 2011).

Imuno-histoquímica

O SCNEC pode reagir para a cromograninaA , sinaptofisina , CD56, vimentina e citoqueratinas (diagrama pontilhado). Para fazer um diagnóstico da CNECL, uma células parcela de pontos de

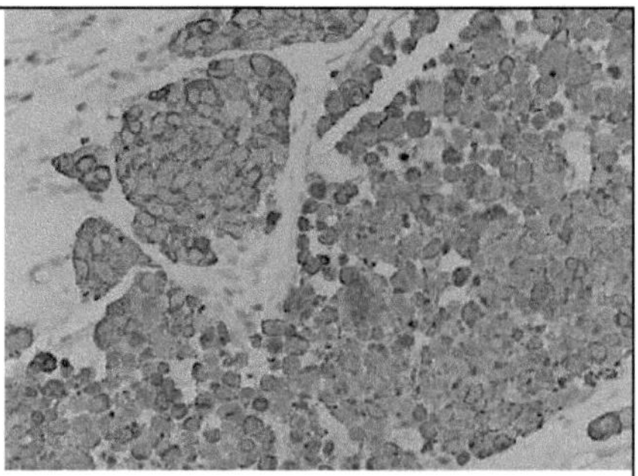

Fig 6.10. Carcinoma neuroendócrino de grandes células (Fadar e Roma, 2019).

O crescimento neuroendócrino deve estar presente em pelo menos parte do tumor, com expressão de um ou mais dos marcadores neuroendócrinos: cromogranina (Fig. 6.10), CD56 (este último não é muito específico), sinaptofisina em > 10% das células neoplásicas (Zaino et al, 2014).

A expressão queratina está presente na grande maioria dos casos. Deficiências nas proteínas de reparação de desajustes de ADN não são incomuns. Apenas um subconjunto expresso PAX8 ou p16 está presente (Pocrnich et al, 2016).

Perfil genético

A hiperploidia para os cromossomas 4, 8 e 10 foi demonstrada pela análise FISH em alguns casos (Zaino et al, 2014).

Prognóstico e Factores Preditivos

Embora o prognóstico para SCNEC e LCNEC seja pobre, um estudo de Albores et al (2008) indica um prognóstico favorável quando o tumor foi atribuído a um pólipo endometrial.

6.1.2.7 Adenocarcinoma de células mistas 8323/3

Um carcinoma endometrial misto é composto por dois ou mais tipos histológicos diferentes de carcinoma endometrial, pelo menos um dos quais é do Tipo II.

Código ICD-O

Adenocarcinoma de células mistas 8323/3

Histopatologia

Pelo menos dois tipos de células histológicas devem ser reconhecíveis nas secções manchadas de H & E.

Carcinoma misto: seroso e endometrióide

A mistura mais frequentemente encontrada é o endometrioide e o carcinoma seroso.

A percentagem mínima do segundo componente foi arbitrariamente fixada em 5% (Zaino et al, 2014). É observado em cerca de 25% dos carcinomas endometrióides e não tem significado prognóstico independente (Zaino et al, 1988). A Imuno-histoquímica pode esclarecer

a presença de dois tipos de células distintas. Os tipos presentes devem ser especificados no relatório de diagnóstico.

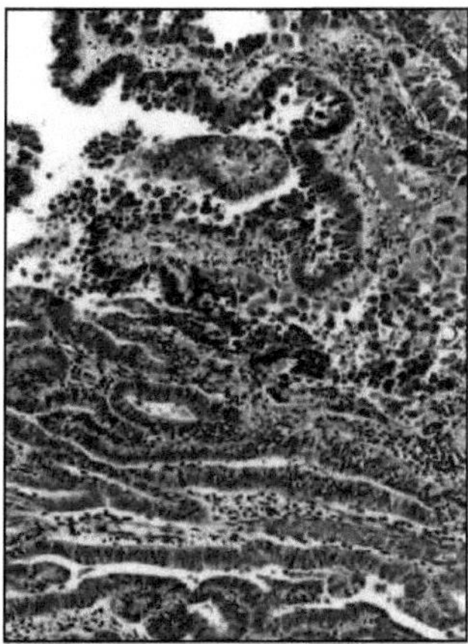

Fig 6.11. Carcinoma misto; tipos serosos e endometrióides (Zaino et al, 2014). Carcinoma seroso (topo) composto por células com atipias nucleares marcadas e uma borda apical em vieira contrastando com o carcinoma endometrióide (fundo) composto por células colunares estratificadas com uma

Imuno-histoquímica

Uma combinação de PTEN, p53 e p16 permite fazer uma distinção entre carcinomas endometrióides e serosos, já que quase todos os carcinomas serosos têm uma coloração aberrante para a p53 e uma coloração difusa para a p16, enquanto que os carcinomas endometrióides têm uma distribuição desigual de p16. A expressão do PTEN perde-se no carcinoma endometrióide mas geralmente não no carcinoma seroso (Alkushi et al, 2010).

Histogénese

A mistura de endometrióide e carcinoma seroso pode representar uma progressão de endometrióide de baixo grau para carcinoma seroso (Zaino et al, 2014).

Prognóstico e Factores Preditivos

O comportamento destes tumores está relacionado com a componente de grau mais elevado. Um limiar de apenas 5% de um componente seroso em carcinoma misto afecta negativamente o resultado (Quddus et al, 2010).

Carcinoma endometrióide com diferenciação secreta

A diferenciação secretora é caracterizada por células colunares sub-nucleares e/ou supra-nucleares de vacuolação colunar (compostas de glicogénio) de aspecto geral uniforme (Christopherson et al, 1982; Tobon e Watkins, 1985). Com base na experiência de Fadar e Roma (2019), a diferenciação do segredo focal está presente em cerca de 5% dos carcinomas endometriais verdadeiros carcinomas células secretoras (mais de 50% de células secretoras) representando menos de 1%.

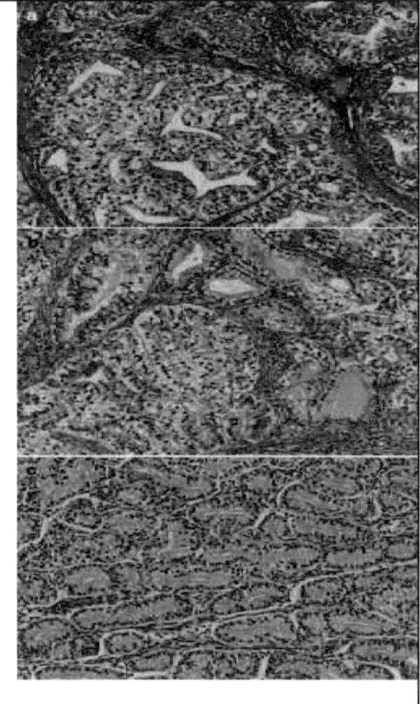

Fig. 6.12. Carcinoma endometrioid com diferenciação secreta (Fadar e Roma, 2019).

casos. Pode haver uma variabilidade significativa na organização da vacuolização citoplasmática (Fig. 6.12). A principal consideração de diagnóstico diferencial é o carcinoma celular claro (CCC). Em contraste com o carcinoma endometrióide com diferenciação secretora, os CCC com padrões arquitectónicos tradicionais deste histotipo (papilares, sólidos, tubulocísticos) são mais citológicos atípicos e menos mitotópicos,

forrado com células não estratificadas de um tipo diferente (unha [*Hobnail*], células cubóides planas ou baixas, em vez de células colunares), e têm um imunofenótipo que é negativo para ER e PR mas positivo para napsina A.

Carcinoma a partir de o endométrio com diferenciação secreta e escamosa Os pontos focais de diferenciação escamosa mostram uma alteração glicogénio, confirmando a noção de que a alteração do segredo se deve a um factor de circulação externo (Fig. 6.13), as progesterinas são mais prováveis, pelo menos em alguns casos, mas a maioria dos casos de carcinoma endometrióide com diferenciação secreta são diagnosticadas em mulheres na pós-menopausa que não foram submetidas tratamentos hormonais (Fadar e Roma, 2019).

Carcinoma misto: endometrioide celular claro de alta qualidade

A figura 6.14 mostra um carcinoma endometrióide de alto grau com alterações celulares claras, secretas e não específicas. Carcinomas

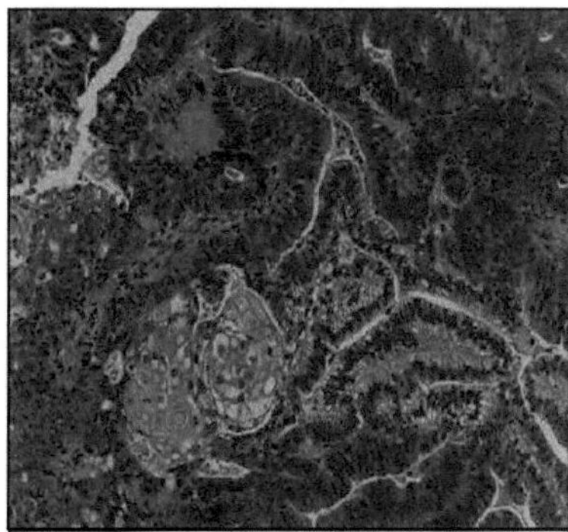

Fig 6.13. Carcinoma do endométrio com diferenciação secreta e escamosa (Fadar e Roma, 2019).

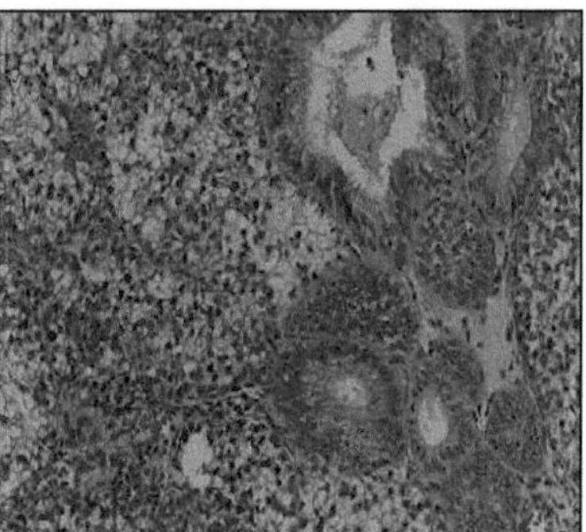

Fig 6.14. Carcinoma misto; endometrióide de alta qualidade, de células claras (Fadar e Roma, 2019).

endometrióides com diferenciação secreta são mais frequentemente de grau 1 ou 2 (Tobon e Watkins, 1985). No entanto, alguns carcinomas endometrióides de grau 3 mostram uma mudança celular clara e difusa no componente sólido. Se áreas glandulares simultâneas mostram uma mudança na secreção, esta descoberta ajuda a excluir um carcinoma endometrióide misto e CCC, como um verdadeiro CCC com uma arquitectura totalmente sólida, misturado com um carcinoma endometrióide com mudança de células secretoras, nunca foi encontrado (Fadar e Roma, 2019).

Carcinoma endometrióide variante de Villoglandular

Este tipo é responsável por 13 a 31% de todos os carcinomas. endometrióides. Aproximadamente 61% estão associados ao carcinoma endometrióide do tipo habitual. São definidas por papilas longas e finas com núcleos fibrovasculares, delimitadas por núcleos de grau 1 a 2,

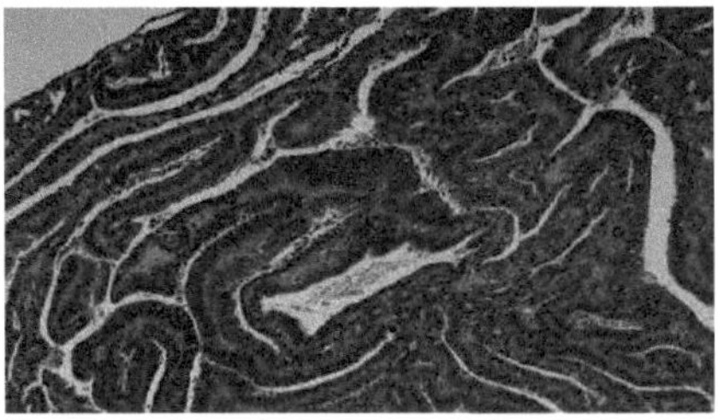

Fig 3.15. Carcinoma endometrióide variante de Villoglandular (Fadar e Roma, 2019).

estratificado ou pseudoestratificado (Fig. 3.15). Qualquer caso que se desvie deste perfil morfológico básico requer uma inspecção muito minuciosa para excluir outras considerações diferenciais. A alteração villoglandular, quando identificada nos locais de invasão miométrica, foi associada a um aumento da taxa de metástases dos gânglios linfáticos e a resultados mais pobres. Contudo, outra análise não encontrou diferença significativa nos resultados entre os doentes com carcinoma endometrióide do tipo habitual e os seus homólogos com carcinoma endometrióide da variante villoglandular (Ambros et al, 1994; Zaino et al, 1998).

Carcinoma papilífero de grau intermédio

Primeiro descrito por Malpica (2016). Segundo este último, o carcinoma em questão é "caracterizado por estruturas papilares, com ou sem núcleos fibrovasculares, delimitado por células com atipias citológicas moderadas (ou seja, pleomorfismo nuclear e perda de polaridade nuclear)" (Fig. 6.16), mas não é reconhecido na classificação da OMS 2014. Outros investigadores consideram-na uma iteração do carcinoma endometrióide da variante villoglandular. Está frequentemente associado a um MELF

(microcística, alongada e fragmentada) myoinvasion. Na experiência de Fadar e Roma
(2019), eles expressam o receptor de estrogénio de uma forma variável e são do tipo
Selvagem p53.

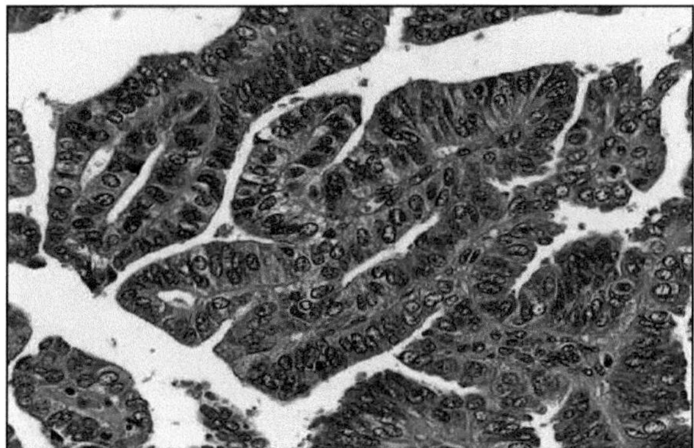

Fig 6.16. Carcinoma papilífero de grau intermédio (Fadar e
Roma, 2019).

Fadare e roma (2019) citaram outros tipos de carcinomas endometrióides que não foram
incluídos na classificação da OMS, nomeadamente :

- Carcinoma papilífero e pseudopapilar endometrióide não específico.
- Carcinoma endometrióide com citoplasma oxifílico óbvio.
- Carcinoma endometrióide com pequenas papilas não-vitosas (EC-NVS).
- Carcinoma endometrióide do tipo sertoliforme.
- Carcinoma endometrióide com ciliação.
- Carcinoma endometrióide, cordate e hialinizado.
- Carcinoma endometrióide com alterações de células fusiformes.
- Carcinoma endometrióide de alto grau com alterações de células fusiformes.
- Carcinoma endometrióide com alteração celular clara não especificada (NSA).
- Carcinoma endometrióide com características microglandulares.
- Carcinoma endometrióide com pequena diferenciação mucínica.
- Carcinoma do endométrio com diferenciação trofoblástica.

A maioria destes perfis não tem qualquer significado prognóstico independente.

6.1.2.8 Carcinoma indiferenciado e diferenciado

O carcinoma endometrial indiferenciado é uma neoplasia epitélica maligna sem diferenciação. O carcinoma diferenciado é composto por um carcinoma indiferenciado e um segundo componente do carcinoma endometrióide de grau 1 ou 2 do FIGO.

Código ICD-O

Carcinoma indiferenciado 8020/3

Os carcinomas indiferenciados são raros. Existe uma possível associação com a síndrome de Lynch (Garg et al, 2009).

Trata-se de um histotipo clinicamente agressivo de carcinoma endometrial (Fadar e Roma, 2019). Este histotipo pode estar associado à instabilidade dos microssatélites e/ou deficiências nas proteínas de reparação de incompatibilidade de ADN (Broaddus et al, 2006).

Características clínicas

A idade média era 55 anos. A maior parte dos doentes relatam hemorragias pós-menopausa na apresentação, com uma minoria a relatar dor abdominal (Tafe et al, 2010).

Anatomo-histopatologia

A maioria dos carcinomas indiferenciados formam grandes massas intraluminais polipoidais que variam em tamanho de 2 a 15 cm. São caracterizadas por folhas de células monótonas de tamanho médio com citoplasma mínimo, que são geralmente pouco coesas (*dishesivas*) (Altrabulsi et al, 2005; Tafe et al, 2010). As células podem apresentar um aspecto rabdoide ou epitélioide concentrado, e por vezes exibir ondas em forma de fuso. O estroma não é raramente mioide, pelo menos de uma forma focal. Figuras mitoticas abundantes e necrose, bem como invasão miométrica e linfovascular profunda (Fig. 6.17) são também frequentemente encontradas (Fadar & Roma, 2019).

A necrose é comum. A maioria dos tumores envolve o corpus uterino; no entanto, muitos envolvem o segmento uterino inferior (Tafe et al, 2010).

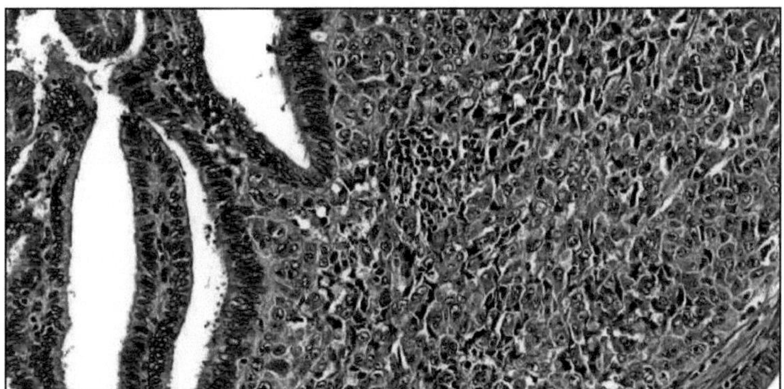

Fig 6.17. Carcinoma indiferenciado, também chamado carcinoma desdiferenciado (Zaino et al, 2014). Um carcinoma bem diferenciado do lado esquerdo é contrastado com um carcinoma

Carcinoma monomórfico indiferenciado

Este carcinoma (Fig. 6.18) é composto por células de tamanho pequeno a médio mal-coesivo *(dishesivo) de* relativamente uniformemente dispostas em folhas sem arquitectura trabecular ou aninhada óbvia que se assemelha a linfoma, plasmacitoma, "sarcoma estromal endometrial de alta qualidade" ou carcinoma de pequenas células (Altrabulsi et a l, 2005). Nenhum

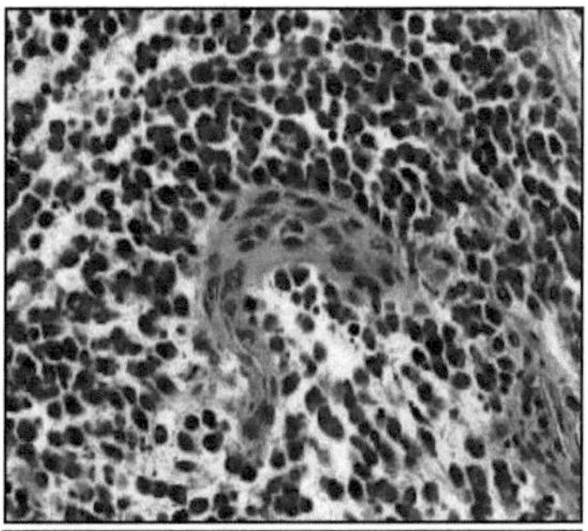

A formação de glândulas não está presente.

A cromatina é normalmente condensada. A maioria dos casos tem

Fig 6.18. Carcinoma indiferenciado (Zaino et al, 2014). Este tipo monomórfico tem características de rabdoide, com um citoplasma contendo núcleos excêntricos

> 25 figuras mitóticas para 10

HPF. Os tumores ocasionais contêm núcleos pleomórficos num fundo monomórfico. Embora o estroma não seja normalmente aparente, alguns têm uma matriz mixóide. Os linfócitos infiltrantes tumorais são frequentemente numerosos (Tafe et al, 2010).

Carcinoma dediferenciado (DEC)

Quase 40% dos outros carcinomas monomórficos indiferenciados contêm um segundo componente do carcinoma endometrióide de grau 1 ou 2 do FIGO; este foi denominado "carcinoma desdiferenciado". Nestes casos, o componente endometrióide diferenciado (glandular) (Fig. 6.19; campo esquerdo) normalmente alinha a cavidade endometrióide, enquanto o componente indiferenciado (Fig. 6.19; campo direito) se desenvolve abaixo dele. O componente do carcinoma indiferenciado predomina geralmente (Zaino et al, 2014; Fadar e Roma, 2019). A distinção é difícil, mas deve ser feita, pois o DEC é muito mais agressivo (Altrabulsi e al, 2005; Altman et al, 2015). As células nas áreas sólidas do DEC estão em folhas difusas. Além disso, as células de carcinomas endometrióides de alto grau são altamente coesas e têm citoplasmas bem discerníveis, enquanto as células de componentes indiferenciados do carcinoma DEC são particularmente (Fadar e Roma, 2019).

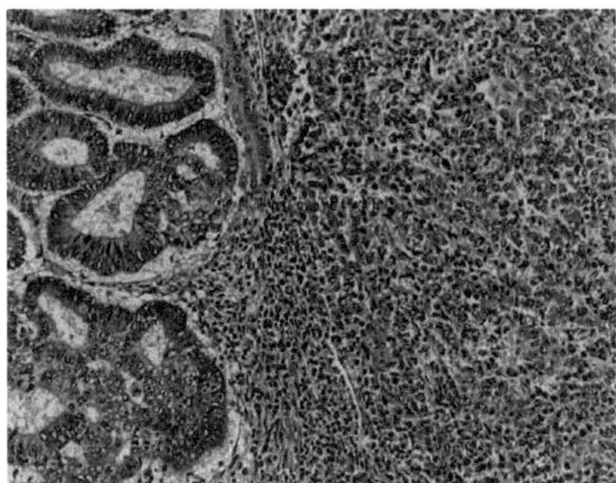

Fig 6.19. Carcinoma endometrial desdiferenciado (DEC) (Fadar e Roma, 2019).

Imuno-histoquímica

Os carcinomas indiferenciados mostram evidência de diferenciação epitelial apenas em células tumorais ocasionais, com intensa expressão de EMA e CK18 na ausência de coloração com pan-citoqueratinas. Células tumorais expressam vimentina mas não cadherina ER, PR ou E (Tafe et al, 2010). A cromogranina e/ou a sinaptofisina podem estar presentes numa minoria de células tumorais (Altrabulsi et al, 2005).

Histogénese

Alguns tumores podem surgir através de um processo de desdiferenciação (Zaino et al, 2014).

Perfil genético

Aproximadamente metade dos tumores mostram uma forte instabilidade dos microssatélites com metilação do MLH1 e perda de expressão do MLH1 e PMS2 (Garg et al, 2009).

Susceptibilidade Genética

Casos raros de carcinoma indiferenciado ocorrem em indivíduos com síndrome de Lynch (Altrabulsi et al, 2005; Tafe et al, 2010).

Prognóstico e Factores Preditivos

O comportamento destes tumores é muito agressivo, com recidiva ou morte por tumor em 55 a 95% das mulheres (Tafe et al, 2010).

6.1.2.9. Tumores de tipos de carcinoma não incluídos na classificação da OMS 2014

Carcinomas de células gigantes

Estes carcinomas são compostos por núcleos pleomórficos, multinucleados, misturados com uma população de tumores mononucleares (Fig. 6.20). Ambos os tipos de células expressam citoceratinas e EMA. A população de células gigantes nos casos comunicados representava entre 30% e 100% da volume do tumor. A maioria está misturada com outro histotípo, incluindo células serosas de células claras e carcinoma endometrióide de alto grau (Jones et al, 1991; Mulligan et al, 2010). A component e inflamatória, composta de diferentes tipos de

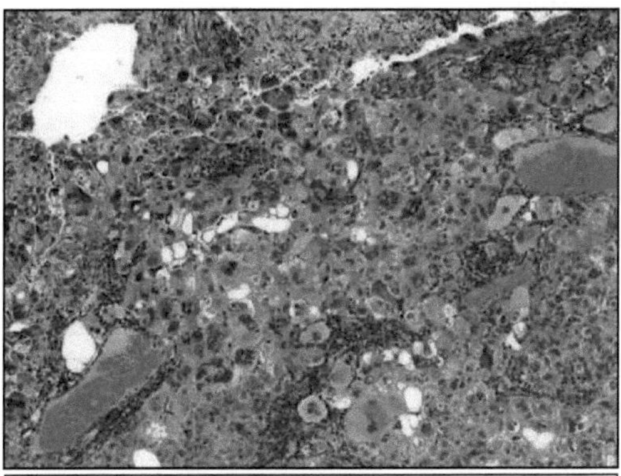

Fig 6.20. Carcinomas de células gigantes (Fadar e Roma,

células, podem estar presentes. Estes carcinomas são clinicamente agressivos. Devem ser distinguidos de outros tumores de células gigantes, incluindo os carcinomas endometriais de células gigantes semelhantes aos osteoclastos ou os carcinomas sincitotrópicos sincitoplásicos (Fadar e Roma, 2019).

__Adenocarcinoma do tipo mesonefrítico__

Variante recentemente descrita que representa menos de 1% dos carcinomas endometriais (McFarland at al, 2016; Mirkovic et al, 2018). Estes tumores têm características morfológicas de carcinoma mesonefrítico semelhantes às do colo do útero, incluindo túbulos, glândulas e papilas (Fig. 6.21); os túbulos são preenchidos com material luminal eosinófilo.

(McFarland at al, 2016). Podem também estar presentes áreas em forma de fuso, bem como padrões de cordas em fundo hialinizado (Patel et al, 2018). Os seus núcleos são frequentemente angulares e sobrepostos, com vesicular de cromatina (McFarland at al, 2 O o pleomorfismo varia. Adenocarcinomas do

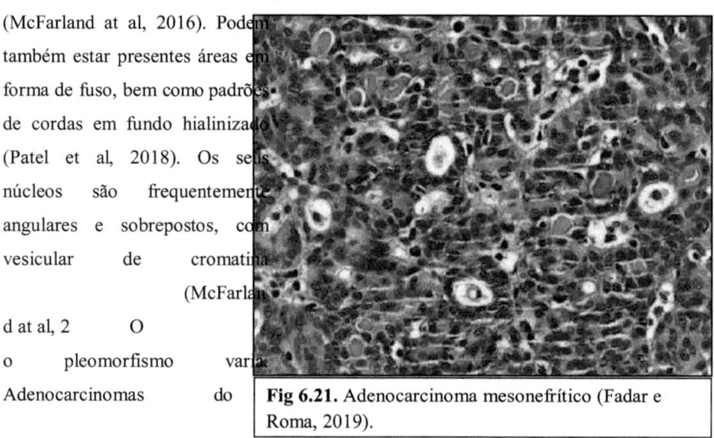

Fig 6.21. Adenocarcinoma mesonefrítico (Fadar e Roma, 2019).

A mesonefria é caracterizada por frequentes mutações KRAS e falta de instabilidade dos microsatélites (Kolin et al, 2019). Os adenocarcinomas mesonefríticos têm um imunofenótipo distinto, com uma ausência completa de expressão de ER e PR, e expressão de GATA3 e TTF1 em graus variáveis. CD10, calretinina e PAX8 são também expressos em graus variáveis (McFarland at al, 2016; Pors et al, 2018). GATA3 e TTF1 mostram um padrão de coloração inversa num subconjunto, em que as áreas que são positivas para GATA3 são negativas para TTF1, e vice-versa (Pors et al, 2018).

6.1.3 Lesões do tipo tumoral

6.1.3.1. Polyp

Uma proliferação localizada e desorganizada de elementos glandulares e estroma benigno que é normalmente elevada acima da superfície do endométrio adjacente.

Os pólipos endometriais podem ocorrer em qualquer idade, mas são mais comuns no grupo etário perimenopausal (Dreisler et al, 2009). Os polipos estão presentes em 2-23% dos doentes procurados por hemorragia uterina anormal (Mazur e Kurman),

2005). Há um aumento da incidência de pólipos nas mulheres que recebem terapia de reposição hormonal ou terapia de tamoxifen (Zaino etal, 2014).

Características clínicas

Os pequenos pólipos endometriais podem ser assintomáticos (DeWaay et al, 2002). Os pólipos maiores estão associados a hemorragia endometrial anormal e por vezes infertilidade, uma vez que os pólipos pedunculados podem sobressair através do os cervical. Os polipose que ocorrem em doentes pós-menopausa têm um risco mais elevado de neoplasia endometrial associada (5% dos casos) (Lee et al, 2010).

Anatomo-histopatologia

A maioria dos pólipos endometriais são solitários, mas vários pólipos ocorrem em 10 a 20 por cento dos casos, especialmente em doentes que recebem tamoxifen. Pólipos

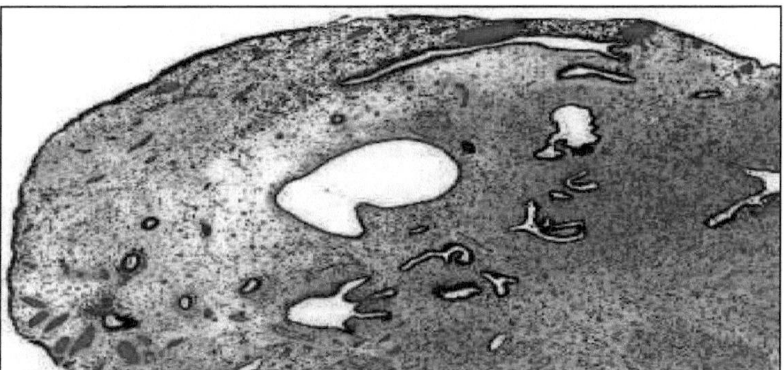

Fig 6.22. Pólipo endometrial (Zaino et al, 2014). Estreito tubular a cístico, as glândulas dilatadas estão dispersas num estroma fibroso.

podem ser pedunculados ou sésseis; ocorrem em qualquer parte do fundo ou segmento uterino inferior. O seu tamanho varia entre alguns milímetros e > 5 cm de diâmetro (Mazur e Kurman, 2005). Os pólipos têm geralmente uma superfície lisa e húmida e aparecem em secção transversal (Fig. 6.22), frequentemente com pequenos espaços císticos que reflectem a dilatação dos elementos glandulares. As glândulas e o estroma são modificados em pólipos. O componente glandular é composto por túbulos que podem ser simples, ramificados ou cisticamente dilatados, e são revestidos com epitélio inactivo ou proliferante, mas podem por vezes conter focos de hiperplasia ou carcinoma. O estroma pode ser celular, assemelhando-se ao do endométrio basal, mas é frequentemente rico em colagénio e contém vasos sanguíneos de paredes espessas, por vezes com depósitos de hemossiderina (Kim et al, 2004). Se a

As mudanças epiteliais secretas estão presentes, são geralmente pouco desenvolvidas. As alterações reactivas da superfície, incluindo excreção e hemorragia, são comuns, tal como uma série de metaplasias.

Os pólipos endometriais associados à terapia com tamoxifen são mais susceptíveis de mostrar metaplasia epitelial, fibrose proeminente do estroma, e uma manga periglandular do estroma (Zaino et al, 2014).

Os pólipos com uma componente muscular lisa proeminente são descritos como adenomatosos.

Os polipos são um local desproporcionadamente comum para o desenvolvimento do CIEM e de pequenos carcinomas serosos invasivos (McCluggage, 2010).

Histogénese

Os pólipos aparecem como proliferações monoclonais de células endometriais geneticamente modificadas com indução secundária de glândulas policlonais benignas. A análise cromossómica do estroma polípico mostra, na maioria dos casos, translocações clonais, envolvendo 6p21-p22, 12q13-15 ou 7q22 regiões 2-5.

6.1.3.2. Metaplasias

As metaplasias endometriais reflectem uma mudança de um tipo de célula histológica madura para outro e são compostas por células que têm diferenciação citoplasmática, nuclear e/ou arquitectónica que difere da das glândulas endometrióides normais. No endométrio, a metaplasia representa muitas vezes uma alteração celular que não resulta num tipo celular maduro e normal (Zaino et, 2014).

Sinónimos

Metaplasia sincítica papilar; metaplasia de unhas; metaplasia eosinófila; metaplasia de células capilares; metaplasia tubária; metaplasia escamosa; metaplasia morular; metaplasia mucosa; metaplasia secretora; metaplasia papilar.

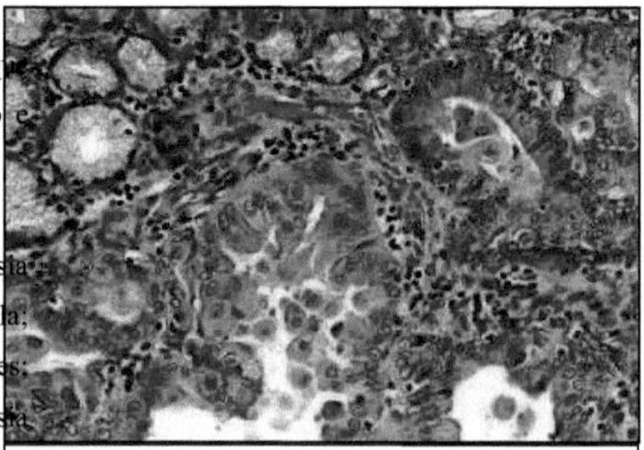

Fig 6.23. Metaplasia eosinófila e mucinosa (Zaino et al, 2014). Os diferentes tipos de metaplasia coexistem frequentemente. Glândulas com metaplasia mucosa (canto superior esquerdo) coexistem com glândulas com marcante metaplasia eosinófila (canto inferior esquerdo).

As alterações metaplásicas são mais frequentemente encontradas no endométrio patológico, incluindo hiperplasia, endometrite, excreção, hiperplasia atípica ou carcinoma, e são frequentemente misturadas (Fig. 6.23) (Carlson e Mutter, 2008; Lin et al, 2009).

A _**metaplasia sincítica papilar**_ é uma proliferação exofítica de células eosinófilas formando pequenas sincronicidades ou processos micropapilares na superfície do endométrio ou nas glândulas e está frequentemente associada à ruptura glandular e do estroma (Zaman e Mazur, 1993).

As _**metaplasias celulares eosinófilas e ciliadas**_ caracterizam-se por células epiteliais com citoplasma abundante e densamente eosinófilas ou numerosas cílios apicais (Moritani et al, 2005).

A _**metaplasia mucosa**_ (Fig. 6.24) reflecte a presença de um citoplasma basofílico pálido, vacuolado ou granular (Nucci e Young, 2004).

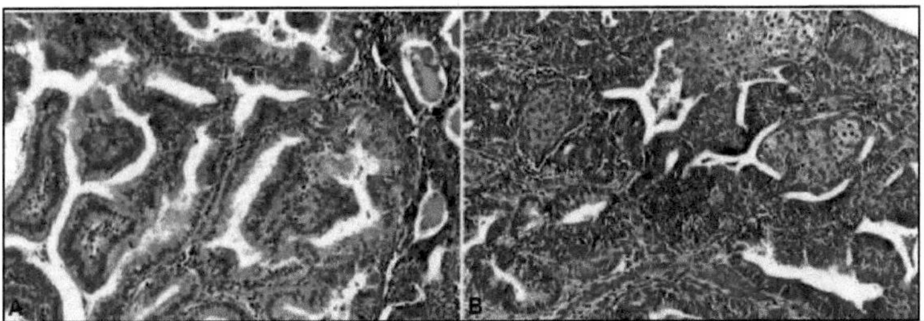

Fig 6.24. Uma metaplasia mucinosa. A metaplasia ocorre normalmente no endométrio anormal. Esta metaplasia mucosa, constituída por células com abundante mucina apical, ocorre nas glândulas hiperplásicas. **B** Metaplasia escamosa. As mórulas escamosas intra-glandulares, caracterizadas por células com citoplasma eosinofílico abundante e denso, ocorrem mais frequentemente no contexto de hiperplasia atípica sem atipias, hiperplasia atípica/ neoplasia intra-epitelial endometrióide e carcinoma bem diferenciado (Zaino et al, 2014).

A _**metaplasia Hohnail (unha ou sapato noggin)**_ é caracterizada por células glandulares, muitas vezes com um citoplasma eosinofílico proeminente, e um núcleo, que se projeta para a luz da glândula (Zaino et al, 2014).

A _**metaplasia escamosa**_ (Fig. 6.24) é composta por massas celulares poligonais com citoplasma eosinofílico denso e por vezes queratinização, que pode assumir a forma de elementos lamelares concêntricos intraglandulares chamados mórulas escamosas ou glândulas de bypass adjacentes (Zaino et al, 2014).

A _**metaplasia secretora**_ é caracterizada por células contendo vacúolos sub ou supra-nucleares, assemelhando-se a um endométrio secreto precoce (Zaino et al, 2014).

Proliferação papilar (simples e complexa). (Fig. 6.25) o tipo simples é caracterizado por núcleos estromais fibrosos ou fibrovasculares cobertos com epitélio citológico baço (Ip et al, 2013). As simples proliferações papilares estão principalmente associadas a resultados benignos dos pacientes, desde que se possa estabelecer conclusivamente que não existem áreas complexas. 90% têm alterações metaplásicas, principalmente metaplasias mucosas, eosinófilas e cabeludas (tubárias). Por definição, as simples proliferações papilares têm apenas ocasionais ramificações papilares secundárias ou terciárias (Fadar e Roma, 2019).

Há uma variação desde pequenos focos de papilas simples com caules curtos não ramificados até grandes papilas complexas com caules e ramos alongados. O epitélio de revestimento é constituído por uma única camada de células com núcleos baços e um citoplasma eosinofílico pálido ou mucinoso (Ip et al, 2013).

Quando proliferações papilares simples e complexas são identificadas na mesma amostra, elas são clinicamente geridas como uma proliferação papilar complexa. Aproximadamente 80% das proliferações papilares estão associadas a um pólipo endometrial (Fadar e Roma, 2019).

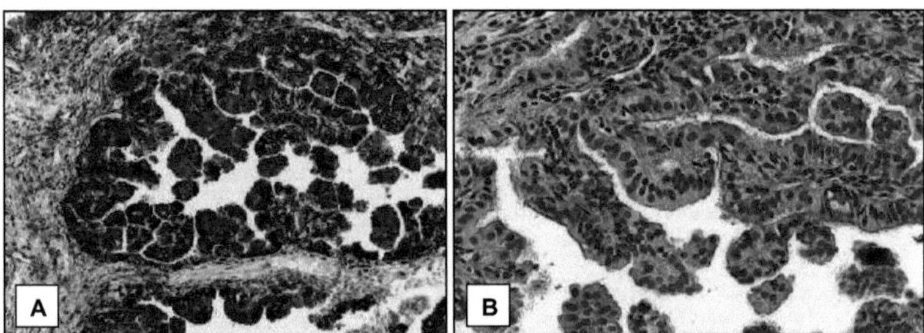

Fig 6.25. Proliferação papilar do endométrio (Fadar e Roma, 2019). **A** com expressão aumentada de p16. A maioria das proliferações papilares, quer sejam simples ou complexas arquitectónicas, mostram um aumento da expressão p16. Tanto as proliferações papilares simples como complexas mostram um padrão de coloração p53 de tipo selvagem, um baixo índice de proliferação Ki67, uma proteína de reparação de incompatibilidade de DNA intacta e uma expressão BAF-250a intacta. Um subconjunto mostra a perda de expressão de PTEN e/ou PAX2. **B As** proliferações papilares são principalmente identificadas em mulheres menopausadas com hemorragia vaginal anormal. São classificados como "proliferação papilar simples" (60% de frequência) e "proliferação papilar complexa" (40% de frequência), dependendo do seu nível de complexidade arquitectónica.

A metaplasia endometrial pode ser secundária a danos endometriais não específicos, inflamação crónica ou um estado hormonal anormal.

Prognóstico e Factores Preditivos

A alteração metaplásica está frequentemente associada a uma variedade de lesões endometriais, mas em si mesma não tem qualquer significado clínico.

6.1.3.3. Reacção Arias-Stella

Atypiecellular e células de ataque nuclear nas glândulas endometriais, ocorrendo frequentemente em associação com o gestação,a doença trofoblástica gestacional, tratamento com gonadotropinas ou doses elevadas de progestinas (Arias-Stella, 2002).

Fenómeno Arias Stella; Efeito Arias Stella

Esta alteração é assintomática.

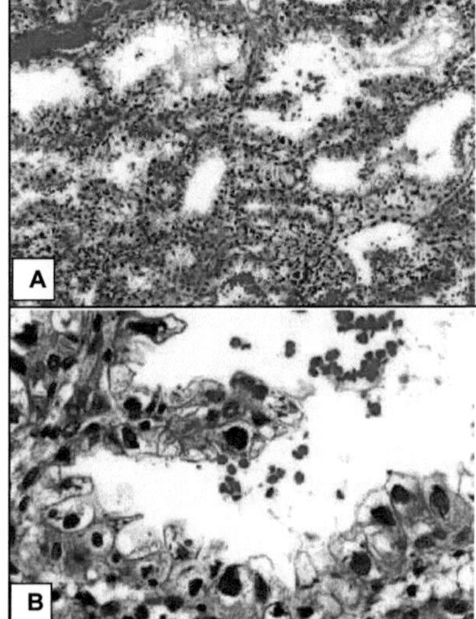

Fig 6.26. Reacção Arias-Stella (Zaino et al, 2014). Uma dilatação irregular das glândulas delimitadas por células com atipias nucleares marcantes e citoplasma transparente abundante pode imitar o padrão tubulocístico do carcinoma celular transparente. A idade jovem e a história da gestação seriam muito invulgares para o carcinoma celular claro. B A atipia citológica marcante sugere uma neoplasia de alto grau, contudo, a cromatina está corada, opticamente claro ou degenerado.

A forma típica é visível na área esponjosa. As glândulas estão sobrelotadas e revestidas total ou parcialmente com células com citoplasma massivamente abundante, claro, rico em glicogénio ou eosinófilo e grandes núcleos bulbosos com contornos irregulares e cromatina corada ou vesicular. Células de unhas e tufos de células intraglandulares são comuns; podem também ser observadas projecções papilares simples e alongadas. A actividade mitótica raramente é observada. A lesão deve ser distinguida do padrão tubulocístico de CKC (Nucci et al., 1993).

6.1.3.4. Lesão do tipo linfoma

Infiltração difusa de células linfóides que imitam linfoma ou leucemia (Young et al, 1985).

Sinónimos

Pseudolinfoma; hiperplasia linfóide

Características clínicas

Isto representa uma forma exagerada de endometrite e geralmente mulheres presentes durante a idade fértil com hemorragia vaginal.

Histopatologia

As lesões tipo linfoma são geralmente superficiais e não se formam em massa. Há uma infiltração densa do endométrio por células linfóides com predominância de grandes células com características imunoblastos, por vezes em agregados mal definidos com actividade mitótica ou com centros germinativos.

Os detritos apoptóticos e os macrófagos de corpo estanhado podem causar um padrão de céu estrelado.

Há normalmente uma história de endometrite crónica, incluindo pequenos linfócitos, células plasmáticas e neutrófilos.

Os linfócitos são geralmente uma mistura de linfócitos B e T, embora em proporções diferentes; os plasmócitos são poltípicos (Zaino et al, 2014).

6.2 Tumores mesenquimais

Os tumores mesenquimais são responsáveis por 4-9% de todas as malignidades uterinas (shisheboran, 2019).

6.2.1. Tumores musculares miometriais lisos

Principais tumores conectivos do corpo uterino, os tumores musculares lisos são definidos como uma proliferação de células benignas ou malignas com diferenciação muscular suave. Enquanto o leiomioma uterino é um dos tumores ginecológicos mais comuns, o leiomiossarcoma uterino continua a ser um tumor raro e representa apenas 1% dos tumores malignos do útero, no entanto é o tumor maligno ginecológico mesenquimatoso mais comum. A incidência do leiomiossarcoma aumenta com a idade com 0,64 casos/100.000 mulheres/ano, passando de 0,2% dos tumores aos 40 anos para 1,7% aos 70 anos de idade. A idade média de início do LMS uterino situa-se entre os 50 e 52 anos de idade. O

O diagnóstico do leiomiossarcoma deve ser feito com grande cautela antes dos 30 anos de idade. anos. Apenas 15% dos doentes têm menos de 40 anos.

A OMS (2014) distingue entre formas benignas e malignas e tumores musculares lisos de potencial de malignidade incerta (STUMP).

6.2.1.1 Tumores musculares lisos benignos (leiomiomas)

A grande maioria das neoplasias uterinas mesenquimais são leiomiomas. Os Leiomiomas são os tumores pélvicos benignos mais comuns nas mulheres (Flynn et al, 2006; Sankaran et al, 2008). Os Leiomiomas podem apresentar uma variedade de padrões de crescimento e características macroscópicas ou microscópicas que podem levá-los a ser confundidos com um tumor maligno pelo patologista (Fadar e Roma, 2019) (Figs. 6.29 e 6.30). As suas variantes são :

► ***Variantes histológicas***

- Leiomioma mitoticamente activo;
- Leiomioma celular (incluindo a variante altamente celular) (Fig. 6.27) ;
- Leiomioma apoplectico (alterações induzidas por hormonas), ;
- Leiomioma hidrópico;
- Leiomioma epitelioide (plexiforme, leiomioblastoma, e célula clara);
- Leiomioma mixóide;
- Leiomiomas celulares bizarros (Fig. 6.28), (ou symplasmas) o termo leiomioma atípico já não deve ser utilizado para estes tumores, tal como delineado pela OMS 2014, uma vez que é ambíguo e pode ser confundido com STUMPs.
- Lipoleiomioma ou leiomioma lipomatoso.

► ***De acordo com o modo de crescimento incomum (principalmente através da sua difusão)***

Estão agora na OMS 2014 integrados nas variantes do leiomioma no
menção do seu modo de crescimento
- Dissecação de leiomioma ou "cotilédonóide",
- Leiomiomatose intravenosa (ou intravascular),
- Leiomiomatose difusa,
- Léiomyome (benigno) metástase ou metástase benigna leiomiomatose.

Algumas lesões peritoneais são semelhantes: leiomiomatose peritoneal difusa e leiomioma parasitário. Existe uma doença hereditária autossómica dominante (leiomiomatose e síndrome do carcinoma renal ou HLRCC) devido a uma mutação constitucional do gene FH (Fumarate Hydratase) caracterizada por leiomiomas múltiplos com núcleos atípicos e um proeminente nucleoli vermelho-alaranjado circundado por uma auréola clara e vasos hemangioperíticos. Neste caso, os leiomiomas ocorrem em mulheres mais jovens (shisheboran, 2017).

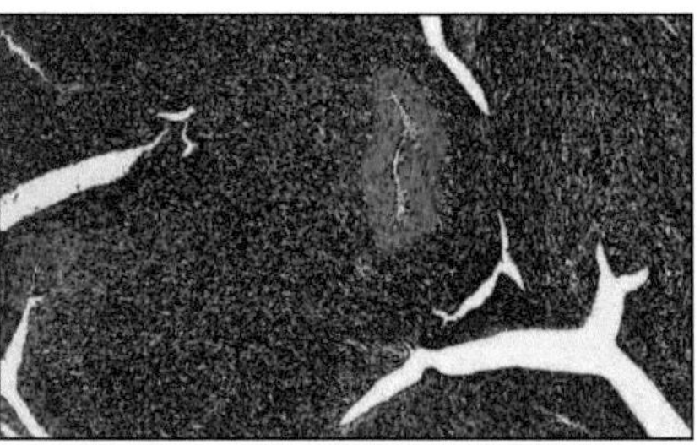

Fig. 6.27. Leiomioma altamente celular (Oliva et al, 2014). O tumor é altamente celular e assemelha-se a um tumor endometrial do estroma, no entanto, tem um crescimento fascicular e vasos sanguíneos grandes e de parede espessa característicos de tumores musculares

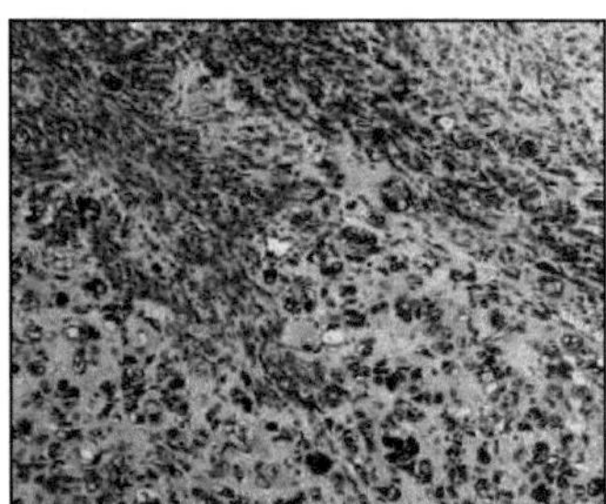

Fig. 6.28. Leiomioma com núcleos bizarros (Oliva et al, 2014).
Núcleos bizarros alternam com

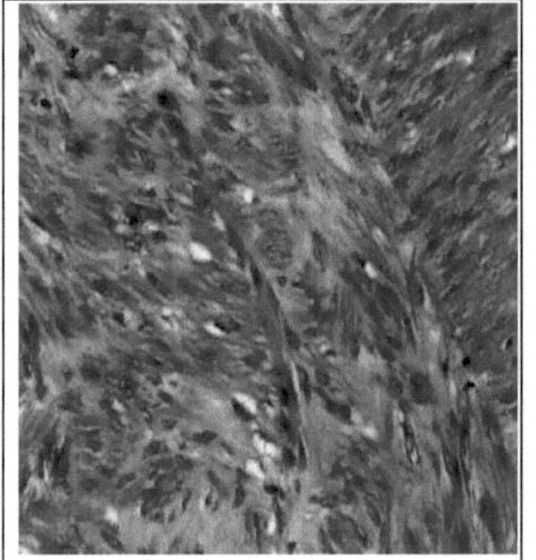

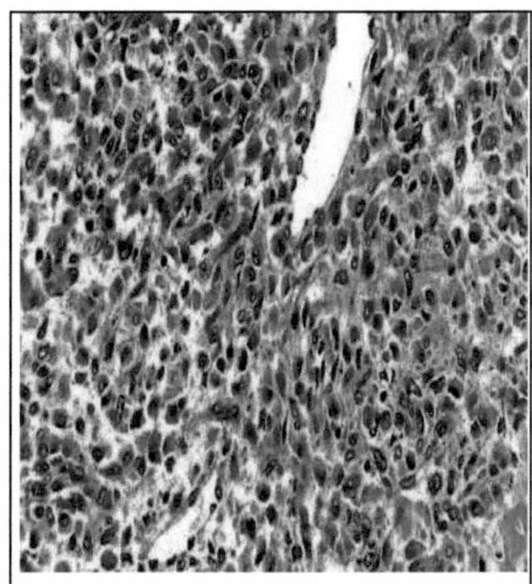

Fig. 6.29. Leiomioma (Oliva et al., 2014). Intersecção de fascículos de células do fuso citoplásico com núcleos em forma de charuto e citoplasma eosinofílico estão presentes.

Fig. 6.30. Leiomioma epithelioide (Oliva et al, 2014). O crescimento fascicular está ausente e as células tumorais não têm a forma de um fuso. As células têm núcleos arredondados e citoplasma.

6.2.1.2 Tumores malignos de músculos lisos (leiomiossarcomas)

As malignidades mesenquimais do corpus uterino são raras. São responsáveis por cerca de um quarto dos sarcomas uterinos, e a maioria são leiomiossarcomas e sarcomas estromáticos do endométrio. Têm havido importantes avanços recentes na identificação de subconjuntos de sarcomas endometriais estromáticos com uma base molecular, tornando cada vez mais possível classificar correctamente os casos erroneamente como sarcoma uterino indiferenciado ou leiomiossarcoma (Fadar e Roma, 2019). Três categorias de leiomiossarcomas são individualizadas (Shisheboran, 2017):

- Leiomiossarcoma do tipo habitual/não especificado (Fig. 6.31) ;

- o leiomiossarcoma epitélioide;

- leiomiossarcoma mioide.

Formas raras:

- com crescimento predominantemente intravascular;

- com predominância de células do tipo osteoclástico;

- com células claras;

- com células xanthelasmatizadas;

- com diferenciação rabdomioblástica;

- com componente lipossarcomatosa.

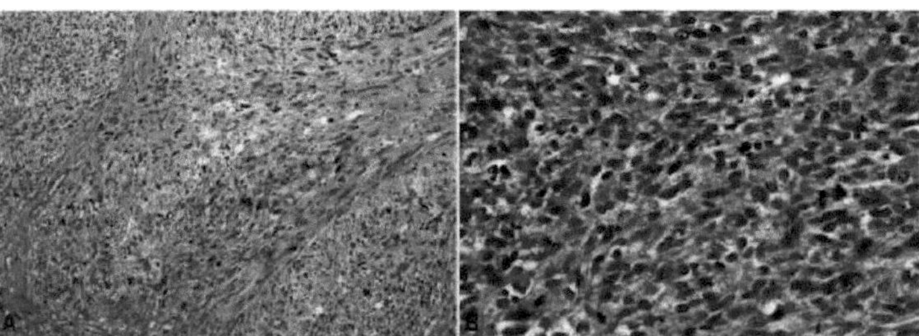

Fig 6.31. Leiomiossarcoma de células fusiformes (Oliva et al, 2014).
A O tumor é composto por células fusiformes muito atípicas formando fasciculos intersectantes.
B As células em forma de fuso mostram atipias nucleares e uma actividade mitótica animada.

6.2.1.3 Tumores musculares de potencial maligno baixo ou incerto "STUMP" Um tumor

muscular suave cujas características impedem um diagnóstico inequívoco de leiomiossarcoma, mas que não satisfaz os critérios para o leiomiossarcoma ou as suas variantes e suscita a preocupação de que a neoplasia se possa comportar num tumor.

maligno (Oliva et al, 2014). Esta terminologia deve ser utilizada com parcimónia. (Shisheboran, 2017).

Histopatologia

Em geral, as razões pelas quais um diagnóstico inequívoco benigno ou maligno não pode ser feito estão relacionadas com uma combinação de características. Por exemplo, quando os índices mitóticos são superiores aos do leiomioma habitual mas inferiores aos da maioria dos leiomiossarcomas, ou quando o tipo de necrose não pode ser determinado com certeza, ou quando outro resultado problemático como uma mudança epitelial ou mixóide está presente (Berretta et al, 2008; Ip et al, 2009; Veras et al, 2011). A frequência de recorrência destes tumores, com base em várias características histológicas apresentadas, é relativamente baixa. Uma vez que a maioria destes tumores não se repetem (Ly et al, 2013), alguns patologistas não desejam incluir o termo malignidade no diagnóstico. Em reconhecimento da sua incapacidade de fazer um diagnóstico definitivo para estas neoplasias problemáticas, preferem o termo diagnóstico "neoplasia muscular lisa atípica", juntamente com uma nota descrevendo as características que impedem um diagnóstico inequívoco benigno ou maligno. É de salientar que este é um diagnóstico que só raramente deve ser feito (Zaino et al, 2014).

Imuno-histoquímica

A imuno-expressão das proteínas reguladoras do ciclo celular (p16, p21, p27 e p53) para distinguir o leiomiossarcoma uterino das variantes do leiomioma não tem sido útil (Mills et al, 2013).

6.2.1.4 Análise morfológica de um tumor muscular liso

Os tumores musculares lisos (STM) podem ser células epithelioides, redondas, mal unidas, com um núcleo excêntrico e citoplasma eosinofílico. As células epitélioides ocupam uma grande área do tumor e não devem ser confundidas com os feixes de fusos cortados transversalmente. TML pode ser mioide com células estelares. A miotoxicidade deve ser confirmada pela alcianofilia azul alciana e não deve ser confundida com hidropia ou edema. Em caso de dúvida, as células devem exprimir desmin e/ou h-caldesmone e actuam frequentemente de forma positiva. A positividade CD10 em mais de 50% do LES não elimina o diagnóstico de LES. Três critérios devem ser analisados primeiro: necrose tumoral, atipia nuclear e mitose (Bell et al, 1994).

1. **Necrose** (necrose tumoral vs. necrose "hialina" substituída pelo termo necrose isquémica)

As células tumorais são ghostomizadas e os seus contornos são visíveis. A eosinofilia citoplásmica é mais pronunciada. Hemorragia e inflamação são invulgares. A necrose é caracterizada por contornos afiados, semelhantes a mapas, em vez de arredondados, com a persistência de vasos visíveis ou preservados e núcleos hipercromáticos identificáveis, por vezes atípicos. Ausência de esclerose, poucas ou nenhumas células inflamatórias. Nem sempre é fácil de afirmar com certeza, fiabilidade, reprodutibilidade. Este ponto é tão verdadeiro na prática que um tumor muscular liso pode ser classificado como um STUMP. A necrose dos leiomiossarcomas é geralmente multifocal, enquanto que a necrose dos leiomiomas é classicamente única e central. A necrose isquémica envolve tanto células como vasos. Entre a necrose e o tecido perene existe uma área de fibrose e tecido de granulação. A necrose do tipo enfarte é progressiva na periferia, gradual. Arredondado em forma, apresenta na periferia a interposição de uma zona de colagénio ou tecido de granulação entre os sectores viável e não viável (zoneamento). Os limites das células, muitas vezes não visíveis, estão desfocados, e são acompanhados por núcleos pálidos e mumificados. As embarcações são afectadas, alteradas, e as hemorragias associadas são comuns. Esta necrose evolui para hialinização com um aspecto nodular ou esclerose hialina intersticial com sufocação de células musculares lisas (Sisheboran, 2017).

2. **A atipia** (difusa ou focal, moderada a grave) deve ser visível a partir da lente.

    x10. Os atípicos podem ser considerados moderados ou severos.

Neste último caso, podem ser de 2 tipos:

- tipo pleomórfico/polimórfico: o pleomorfismo nuclear é visível a partir do varrimento de baixa ampliação,
- de tipo uniforme/monomórfico, sem pleomorfismo nuclear mas com anomalias cromatéricas marcadas. Os atípicos considerados são visíveis no objectivo x10. Depois é necessário especificar se as atipias são difusas e encontradas na maioria dos campos, dispersas ou focais, depois distribuídas em ilhotas de células agrupadas.

3. **Índice mitótico** que tem de ser rigorosamente quantificado (ter em conta apenas a mitose típica), e corresponde ao índice mais elevado em 10 campos contíguos ao objectivo x40.

São necessárias várias contagens (pelo menos 4 vezes 10 campos). O problema de reprodutibilidade relacionado com as oculares (x10), a objectiva x40 e o tipo de microscópio poderia ser resolvido através da contagem por mm². Resta a distribuição irregular da mitose (os pontos quentes podem ser identificados pelo anticorpo Ki67 ou MiB1) e a influência de factores como as hormonas. Finalmente, a importância da fixação (rápida e boa penetração), da coloração (bem diferenciada) e da qualidade do corte (cortes finos indispensáveis na prática) é inegável (Shisheboran et al, 2017).

Para além destes três critérios, devem ser analisados outros sinais:

- limitação em relação ao miométrio adjacente

- a presença ou ausência de extensão intravascular no miométrio adjacente.

O tumor benigno é bem limitado, sem atipia ou mitose (ou com menos de 5 mitoses para 10HPF (campo de alta potência [CFG] no objectivo x40), sem extensão intravascular, sem necrose. O tumor é maligno quando é pouco limitado, infiltrante, angioinvasivo, com marcada atipia, com uma actividade mitótica superior a 10 mitoses para 10 campos de alta potência (x40) e, além disso, áreas de necrose tipo tumor. A atipia citológica e a actividade mitótica são normalmente os dois critérios presentes para o diagnóstico do leiomiossarcoma devido à dificuldade de distinguir de forma fiável entre necrose tumoral e enfarte (OMS 2014). No caso da célula epitelióide MLD, os critérios para a malignidade são diferentes. A contagem mitótica para mudar de benigna para maligna cai para 3 mitose/10CFG em vez de 10 para tumores de fusos. Um tumor muscular liso epitelióide com mais de 3 mitoses/10 CFG ($\geq$ 4 mitoses/10 CFG) é um SML (Atkins et al, 2001). Nas SMLs mixóides, a atipia é frequentemente suave e o índice mitótico é frequentemente baixo (> 2 mitoses/10CFG). O critério importante para evocar a MLD mixóide é uma fraca limitação e extensão intravascular.

Parra-Herran e Nucci (2016) propuseram um algoritmo de diagnóstico baseado em

1) Margens tumorais circunscritas e regulares versus margens tumorais infiltrantes e irregulares.

2) A presença de atipia nuclear com base no tamanho dos núcleos.

- Atipia de grau 1: o mesmo tamanho que os núcleos do miométrio adjacente;
- Grau 2 atypia (o dobro do tamanho);
- Grau 3 atypia (3 vezes o tamanho).

3) A contagem mitótica no limiar de 2 mitose/10 CFG

4) A presença de necrose tumoral.

De acordo com este algoritmo, um tumor de músculo liso mixóide tem as seguintes características:

- Muito limitado;
- Sem atipias ou com atipias discretas;
- Sem necrose tumoral;
- Com menos de 2 mitoses é uma LM mixóide.

Por outro lado, um tumor pouco limitado com 2 mitoses e/ou necrose tumoral confirma a diagnóstico de LMS mixóide (Shisheboran et al, 2017).

Resta o grupo intermediário ou "fronteira", que é uma categoria de dúvida.

1) Lesão muito limitada mas com um critério pejorativo: 2 mitose ou atipia ou necrose;

2) Lesão mal limitada sem outros critérios.

Neste algoritmo, que resume a experiência do acompanhamento clínico, o critério mais importante é a fraca limitação do tumor. Se nenhum dos três critérios estiver presente: é um leiomioma clássico; se 2 ou 3 dos 3 critérios forem satisfeitos, é um leiomiossarcoma (LMS); se apenas um dos três critérios estiver presente, é uma variante do leiomioma:

- Leiomioma mitoticamente activo (presença do único critério de mitose, sem atipia ou necrose). É observado no período pré-menopausa e o tamanho é normalmente de 3-4cm. A maioria tem menos de 8cm de tamanho. O aspecto macroscópico é o mesmo que o de um leiomioma comum mas com >10 mitose ou mais por 10 HPF (x40). É benigno e não se repete mesmo após a miomectomia. A taxa de mitose pode ser aumentada focal ou difusamente. Se o índice mitótico for superior a 15 mitoses por 10HPF, é descrito como um leiomioma mitotialmente activo com "experiência limitada". A OMS (2014) classifica estes tumores como STUMP.

- Leiomiomas simplásmicos ou estranhos (Fig. 6.28) (apenas o critério atípico está presente sem necrose ou mitose >10/10CFG). O termo leiomioma atípico já não deve ser utilizado para se referir a este tipo de tumor (OMS 2014). Este tipo de leiomioma é normalmente desprovido de características macroscópicas. Se não for este o caso (hemorragia, remodelação de mioides, consistência macia, etc.), deve ser tomado um cuidado extra. A tabela histológica dá conta dos vários sinónimos que a caracterizam. Não há necrose tipo tumor. A actividade mitótica é inferior a 10 números de mitose para 10 HPF, mas a atipia nuclear é claramente aparente. São mais frequentemente localizadas, mas podem ser difusas. Ocupam, em média, 25% do tumor. A atipia, frequentemente muito marcada ou mesmo caricatural, assume a forma de inclusões citoplasmáticas intranucleares frequentes, multinucleações, e aspectos monstruosos. A cromatina é facilmente soprada e muito cromática. A combinação de aneuploidia, uma alta

A expressão de MiB1 e uma expressão de P53 é rara e deve tornar prudente fazer este diagnóstico nesta situação. É de notar que os leiomiomas celulares bizarros difusos tratados por miomectomia e seguidos durante uma média de 15 anos não apresentam qualquer recidiva. Se um dos três critérios estiver presente de uma certa forma e um segundo de forma duvidosa ou incerta, isto confirma o diagnóstico de STUMP.

As situações em que o diagnóstico de tumores musculares lisos de potencial maligno incerto ou STUMP deve ser feito são as seguintes:

1) leiomioma comum com necrose tumoral;

2) necrose de tipo incerto com uma contagem mitótica maior ou igual a 10 mitose/10 HPF ;

3) tumores com significativa atipia difusa e actividade mitótica perto do limiar de malignidade (10 mitose/10 HPF);

4) tumores com necrose precoce que são difíceis de classificar;

5) tumores epithelioides ou mioides com atipias intermediárias e actividade proliferativa entre os seus homólogos benignos e malignos ;

6) tumores preocupantes em que suspeitamos, sem estarmos convencidos, que o presença de um componente epitélioide ou mioide.

A revisão de Shisheboran (2017) concluiu que embora o leiomioma seja um dos tumores mais comuns nas mulheres, o leiomiossarcoma ainda é raro. A distinção entre os dois pode ser facilmente feita quando os três critérios de malignidade (atipia, necrose tumoral, mitose > 10/10CFG) estão presentes ou ausentes. Contudo, logo que exista uma dúvida morfológica sobre um dos três critérios, o MLD do útero pode colocar muitos problemas de diagnóstico diferencial mesmo a especialistas. A morfologia por si só é por vezes incapaz de determinar a malignidade com certeza e é feito um diagnóstico de STUMP. Alguns STUMPs poderiam corresponder a leiomiossarcomas de baixo grau para os quais o olho do patologista não é suficientemente sensível ou específico. A utilização de novas técnicas, tais como a radiografia CGH, poderia permitir-nos detectar melhor estas formas ambíguas.

6.2.2. Nódulo do estroma endometrial e tumores

relacionados Nódulo do estroma endometrial

Um tumor endometrial benigno com uma margem bem circunscrita e composto por células que se assemelham a um estroma endometrial proliferante. Projecções em

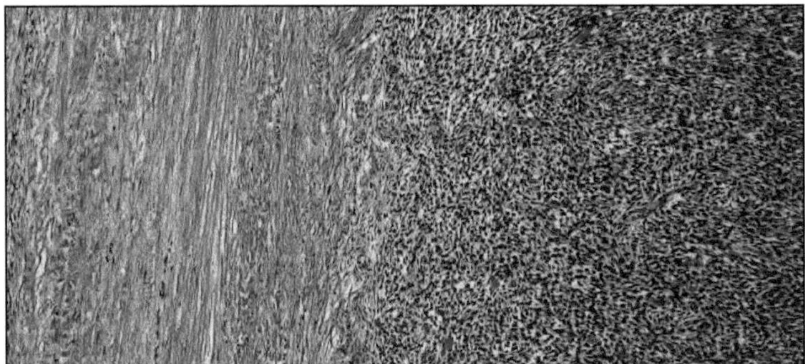

Fig 6.32. Nódulo estromal endometrial (Oliva et al, 2014). Observa-se uma margem bem circunscrita entre o tumor e o miométrio circundante.

são aceitáveis a forma do dedo ou ninhos imediatamente adjacentes de células tumorais (medindo < 3 mm em maior medida a partir da massa principal) e < 3 em número. A invasão linfovascular impede o diagnóstico.

Código ICD-O 8930/0

Este é um neoplasma raro. A idade dos pacientes varia entre os 23 e 86 anos (idade média de 53 anos) (Tavassoli e Norris, 1981).

Características clínicas

Os doentes têm frequentemente hemorragias uterinas anormais ou dores abdominais. O útero pode ser aumentado ou pode haver uma massa pélvica (Dionigi et al, 2002).

Anatomo-histopatologia

Os tumores são geralmente submucosal (polipoide) ou intramural e raramente subserosos. Variam em tamanho até 22 (média 7) cm e estão bem circunscritos. A formação de cistos pode ocorrer, mas os tumores císticos são predominantemente raros. Podem estar presentes áreas de necrose e hemorragia (Chang et al., 1990).

Normalmente têm (Fig. 6.32) um limite bem definido, mas podem ter uma infiltração muito limitada. A maioria dos tumores são densamente celulares e caracterizados pelo crescimento difuso de pequenas células uniformes com citoplasma esparso, núcleos redondos a ovais e nucléolos inconspícuos. A actividade mitótica é variável (geralmente fraca mas pode ser aguda) sem formas atípicas. O redemoinho de células tumorais em torno das arteríolas é típico. Normalmente o tumor contém pequenos vasos mas por vezes estão presentes vasos grandes, normalmente localizados na periferia do tumor. Faixas de colagénio, histiócitos espumosos e fendas de colesterol podem estar presentes dando aos bordos uma cor amarelada; estes dois últimos frequentemente na vizinhança de áreas de necrose (Oliva et al, 2014). As variantes inusitadas incluem tumores com diferenciação muscular ou esquelética suave (rara), alteração fibromixóide, diferenciação de cordões sexuais, glândulas do tipo endometrióide, e morfologia do rabdoide ou epithelioide (Dionigi et al, 2002). O perfil imunológico do nódulo estromal endometrial é idêntico ao do sarcoma estromal endometrial.

Histogénese

A lesão é derivação endometrial do estroma.

Perfil genético

A maioria dos tumores abrigam t (7; 17) (p21; q15), resultando na fusão entre JAZF1 e SUZ12. Este rearranjo é mais comum em tumores de morfologia convencional, mas também pode ocorrer naqueles com diferenciação de músculo liso, fibroblástico/mixoide e cordão sexual (Chiang et al, 2011). Até à data, não foram encontrados rearranjos de EPC1, PHF1 e MEAF6 em nódulos de estroma endometrial (Oliva et al, 2014).

Prognóstico e Factores Preditivos

Os pacientes têm um excelente resultado. Uma amostragem minuciosa da interface tumor-myómetro é importante para excluir o crescimento visível e permeável ou o diagnóstico de invasão linfovascular do sarcoma do estroma.

Sarcoma estromal endometrial de baixo grau

O sarcoma endometrial de baixo grau (LGESS) é um tumor maligno composto por células semelhantes a estroma endometrial de fase proliferativa com crescimento permeável e infiltrante no miométrio e/ou espaços linfovasculares. A actividade mitótica elevada não impede o diagnóstico.

Código ICD-O 8931/3

Sinónimo

Miose estromal endolinfática (não recomendada)

O sarcoma endometrial de baixa qualidade representa < 1% de todas as malignidades uterinas, mas é a segunda malignidade mesenquimatosa uterina mais comum (Abeler et al, 2014). Ocorre numa vasta faixa etária com uma idade média de 52 anos (Chan et al, 2008), mas os doentes tendem a ser mais jovens do que os que têm outros sarcomas uterinos (Oliva et al, 2014).

Características clínicas

Os doentes têm geralmente hemorragias uterinas anormais ou dores abdominais. Mais raramente, são assintomáticos; por vezes são

Metástases (na maioria das vezes ovarianas ou pulmonares) podem ser a apresentação inicial. O útero pode ser aumentado ou pode haver uma massa pélvica. A frequência do envolvimento ad anexo e das metástases dos gânglios linfáticos é de cerca de 10% e até 30% respectivamente. Foi relatada uma associação com estimulação estrogénica prolongada, incluindo tamoxifen, ou um historial de radiação pélvica (Oliva et al, 2014).

Anatomo-histopatologia

Estes tumores podem apresentar-se como uma massa intramural polipoide ou intracavitária, frequentemente com bordas mal definidas e infiltração miométrica permeável evidente e/ou tampões intravasculares semelhantes a vermes salientes de veias intramiométricas ou parametriais. Alguns tumores podem ser enganosamente bem circunscritos. O tamanho é variável mas a maioria varia de 5 a 10 cm (Oliva et al, 2014). Têm geralmente uma superfície de corte carnudo amarelo a bege, com hemorragia e necrose por vezes observada (Chang et al, 1990).

As ilhotas de células tumorais de tamanho e forma irregulares geralmente permeam amplamente o miométrio (crescimento "em forma de língua") sem uma resposta estromal associada; a invasão linfovascular pode ser aparente. As células tumorais desenvolvem-se em folhas e são geralmente pequenas com um citoplasma magro e núcleos uniformes, ovais a fusos em forma de fuso. Mostram atipias citológicas mínimas ou nulas e baixa actividade mitótica (geralmente < 5 por 10 HPF) embora ocorram contagens mais elevadas (Fig. 6.33).

Uma delicada rede de arteríolas é comum e podem ser observadas placas hialinas, histiócitos espumosos, alteração cística, hemorragia e necrose (Norris & Taylor, 1966). Os nódulos endometriais e os sarcomas endometriais de baixo grau de estroma podem ter a seguinte morfologia variante, que pode ser misturada :

i) a diferenciação do músculo liso que é mais frequentemente visto como nódulos com hialinização central e bandas radiantes de colagénio que circundam na periferia das células arredondadas (padrão "starburst") que se fundem com pequenos feixes imaturos de músculo liso (Khalifa et al, 1996) ;

ii) a alteração fibromixoide confere caracteristicamente um aspecto hipocelular; contudo, o padrão típico de crescimento permeável, a citomorfologia tumoral e a rede vascular estão presentes (Yilmaz et al, 2002);

iii) um cordão sexual como diferenciação, que resume o aparecimento de tumores estromais (na maioria das vezes granulosa e células de Sertoli) do cordão sexual do ovário (Clement e Scully, 1976);

iv) glândulas do tipo endometrióide, tipicamente "proliferativas" na aparência. Diferenciação muscular esquelética, rabdoide, epitélioide, mudança celular clara, núcleos focais bizarros (se sarcoma), diferenciação adipocitária, aparência pseudopapilar e células gigantes multinucleadas raramente são observadas (Baker e Oliva, 2007).

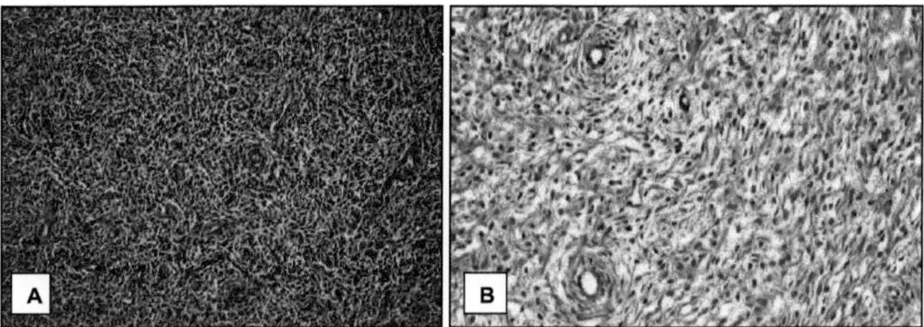

Fig 6.33. (Oliva et al, 2014). Sarcoma estromal endometrióide de baixo grau. As células tumorais assemelham-se às células do estroma do endométrio proliferativo. São uniformemente pequenos, com um citoplasma esparso, núcleos ovais e muitas vezes giram em torno de vasos semelhantes à arteriola-. **B** Tumor estromal endometrial com aspecto fibroblástico. O tumor é hipocelular mas mostra as arteríolas características e as células ovais uniformes de uma neoplasia estromal endometrial típica.

Imuno-histoquímica

As células tumorais são normalmente mas nem sempre difusas e fortemente positivas para CD10, frequentemente positivas para actina muscular lisa e por vezes para desmin, mas negativas para h-caldesmon e HDAC8.

Desmin e h-caldesmon são geralmente positivos em áreas de diferenciação muscular suave e frequentemente positivos em áreas de diferenciação em forma de cabo de sexo. O receptor androgénico e a pancitocaratina (AE1 / AE3) podem ser positivos nas células estromais neoplásicas e nas áreas de diferenciação epitelial e em forma de corda sexual. As ER, PR e WT-1 são geralmente positivas. Inibina, calretinina, melanina-A, e CD99 podem ser positivos em áreas de diferenciação do tipo de cabo sexual. Os tumores de derivação do estroma endometrial podem expressar aromatase e c-Kit (CD117) mas não contêm mutações c-KIT (Oliva et al, 2014).

Histogénese

Os tumores são tumores endometriais de derivação do estroma.

Perfil genético

A maioria dos sarcomas endometriais estromáticos abrigam t (7; 17) (p21; q15), resultando na fusão entre JAZF1 e SUZ12 (JJAZ1). Esta aberração pode ser observada em tumores de morfologia convencional e naqueles com diferenciação de músculo liso e cordão sexual, uma alteração nos fi bromixóides e células epitélioides benignas (Oliva et al, 2007). T (7; 17) (p21; q15) parece ser o rearranjo mais comum estando presente em cerca de 50% do estroma estroma endometrial testado.

Sarcoma do estroma do endométrio de alto grau

Uma derivação maligna do endométrio com uma morfologia de células redondas de alto grau por vezes associada a um componente de célula fusiforme de baixo grau que é mais frequentemente fibromixoide.

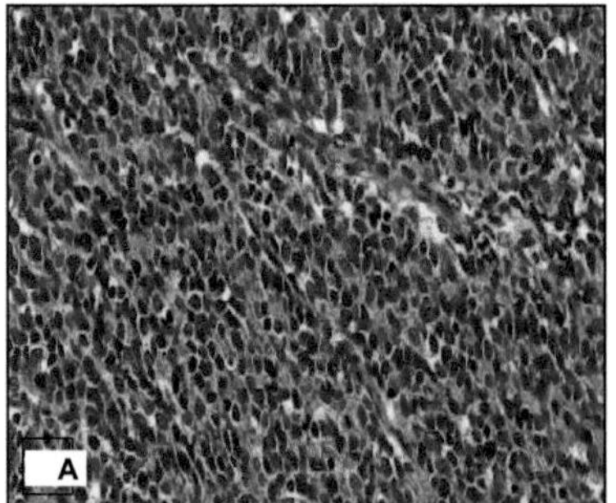
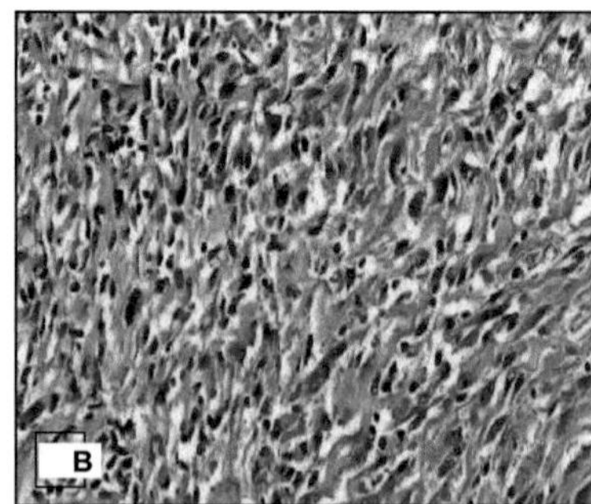

Fig 6.34. Um sarcoma estromal de alto grau do endométrio (Oliva et al, 2014). O tumor é composto por pequenas células redondas com actividade mitótica rápida formando ninhos estreitos separados por um delicado sistema vascular.
B Sarcoma uterino indiferenciado. Células neoplásicas muito atípicas, sem diferenciação específica. As células

Código ICD-O 8930/3

Trata-se de um tumor raro cuja verdadeira frequência é desconhecida, uma vez que os tumores anteriormente considerados sarcoma uterino indiferenciado podem pertencer a esta categoria (Lee et al, 2012).

Características clínicas

A idade dos pacientes varia entre 28 e 67 anos (média, 50 anos). As pacientes têm mais frequentemente hemorragias vaginais anormais (menorragia ou hemorragia peri/pós-menopausa) e podem ter um útero aumentado ou massa pélvica (Lee et al, 2012).

Anatomo-histopatologia

Os tumores podem ser considerados como massas de paredes polipoides e/ou intracavitárias com ou sem invasão miométrica óbvia. Normalmente variam em tamanho até 9 (mediana, 7,5) cm e têm frequentemente uma extensão ectópica no momento do diagnóstico. A secção tem uma superfície de corte carnudo a amarelo pálido; podem ser observadas hemorragia e necrose (Lee et al, 2012).

No exame de baixa potência (Fig. 6.34), este tumor pode ter o crescimento infiltrativo e o sistema vascular típico do seu homólogo de baixo grau, no entanto, geralmente mostra um crescimento confluente permeável e destrutivo, frequentemente com invasão na metade exterior do miométrio. Existe uma mistura variável de células redondas de grau elevado e células do fuso de grau baixo, estreitamente justapostas (geralmente predominantes). As áreas das células redondas são hipercelulares e as células estão dispostas em ninhos vagos a bem definidos, separados por uma delicada rede capilar. As células redondas têm uma quantidade modesta de citoplasma eosinofílico a granular, contornos nucleares irregulares e cromatina granular a muitas vezes vesicular, com núcleos variavelmente distintos. Por vezes as células redondas são pouco coesas, dando uma aparência pseudopapilar/glandular ou têm uma morfologia rhabdoide focal. Raramente, a diferenciação neuroectodérmica primitiva sob a forma de rosetas Flexner-Wintersteiner ou pseudoroses Homer-Wright pode ser observada (Amant et al, 2012). A actividade mitótica é geralmente > 10 por 10 HPF e é normalmente muito marcante. A necrose está normalmente presente. O componente fuso celular tem geralmente características fibromixóides. A invasão linfovascular está normalmente presente. Raramente, o sarcoma de grau elevado é visto em associação com áreas que têm o aspecto de sarcoma endometrial convencional de grau baixo e também pode ser diagnosticado como sarcoma endometrial de grau elevado.

O componente de alto grau dos tumores com t (10; 17) é CD10, ER e PR negativo mas tem uma forte ciclicina difusa positiva D1 (> 70% núcleos); o componente de célula de fuso de baixo grau é geralmente forte e difusamente CD10, ER e PR positivo e tem uma expressão variável e heterogénea da ciclina D1 (< 50%). A componente de grau elevado é também c-Kit positivo mas DOG1 negativo (Oliva et al, 2014).

Histogénese

O tumor é uma derivação endometrial do estroma.

Perfil genético

O sarcoma estromal endometrial de alto grau geralmente abriga a fusão genética YWHAE-FAM22 resultante do t (10; 17) (q22; p13) (Lee et al, 2012).

Prognóstico e Factores Preditivos

Em comparação com os sarcomas endometriais de baixo grau, os doentes têm recidivas mais precoces e mais frequentes (frequentemente <1 ano) e são mais propensos a morrer da doença. Parecem ter um prognóstico intermédio entre o sarcoma estromal endometrial de baixo grau e o sarcoma uterino indiferenciado (Lee et al, 2012).

Sarcoma uterino indiferenciado

Tumor a aparecer no endométrio ou miométrio, sem qualquer semelhança com o estroma endometrial na fase proliferativa, com características citológicas de alto grau e sem qualquer tipo específico de diferenciação.

Código ICD-O 8805/3

Sinónimo

Sarcoma endometrial indiferenciado (não recomendado)

Este tumor é raro. Os pacientes são normalmente pós-menopausa. A idade média é de 60 anos.

Características clínicas

Aproximadamente dois terços dos doentes têm uma doença em fase alta (fase III / IV). Têm normalmente hemorragias pós-menopausa ou sinais/sintomas secundários à propagação ectópica (Oliva et al, 2014).

Anatomo-histopatologia

Estas são frequentemente massas polipoides intraluminais, geralmente > 10 cm, com uma superfície de corte carnuda e áreas de necrose e/ou hemorragia.

Em baixa ampliação de potência, as margens são mal definidas com a invasão destrutiva do miométrio. As células tumorais geralmente desenvolvem-se em folhas, têm um padrão de storiform ou espinha de arenque e exibem atipias citológicas marcadas. A morfologia do rabdoide ou um fundo mioide pode ser observada.

Actividade mitótica vigorosa, incluindo formas atípicas e invasão linfovascular, são comuns. Raramente, alguns tumores mostram uma transição marcada para neoplasia estromal endometrial de baixo grau, o que pode sugerir uma origem estromal endometrial em alguns tumores "sarcoma estromal endometrial desdiferenciado de baixo grau".

Imuno-histoquímica

Estes tumores são variavelmente CD10 positivos e ER e RA fracamente positivos ou negativos. A ciclina D1 pode ser difidentalmente positiva, mas nestes casos os tumores são também geralmente CD10 positivos (o que exclui os sarcomas YWHAE-FAM22). Pode ser observada positividade para a actina muscular lisa focal, desmin, EMA ou queratina (Kurihara et al, 2008).

Histogénese

A histerogénese é desconhecida; contudo, os tumores raros podem ser derivação estroma do endométrio, como sugerido por estudos de microRNA.

Perfil genético

Estes tumores podem ter alterações cromossómicas complexas, incluindo ganhos de 2q, 4q, 6q, 7p, 9q, 20q e perdas de 3q, 10p, 14q (Oliva et al, 2014).

Prognóstico e Factores Preditivos

A maioria dos doentes tem um estádio elevado de doença (> 60%). Mesmo os pacientes com tumores de fase I morrem normalmente dentro de dois anos (Kurihara et al, 2008). O tratamento adjuvante não parece melhorar o prognóstico (Tanner et al, 2012).

Tumor uterino que se assemelha a um tumor do cordão sexual

Neoplasias que se assemelham a tumores do cordão sexual ovariano sem componente de estroma endometrial reconhecível (Oliva et al, 2014). A maioria destes tumores tem um curso clínico benigno.

Código ICD-O 8590/1

Ocorrem geralmente em mulheres de meia-idade (idade média de 50 anos).

Características clínicas

Os pacientes podem experimentar hemorragias anormais ou dores pélvicas, mas um subconjunto é descoberto incidentalmente (Czernobilsky, 2008).

Anatomo-histopatologia

Estas podem ser massas intramurais, submucosais ou polipoides, intracavitárias. Têm uma margem bem definida ou ligeiramente irregular, com uma média de 6 cm e são amarelas ou castanhas com uma consistência que varia de macia a firme.

Os tumores uterinos que se assemelham a tumores do cordão sexual dos ovários são bem circunscritos mas podem ter uma aparência pseudo-infiltrante devido aos feixes musculares liso incorporados; raramente, pode ocorrer uma verdadeira invasão miométrica. Crescem em folhas, cordas, ninhos, trabéculas ou túbulos e por vezes têm um aspecto reformado ou glomeruloide (Fig. 6.35). A maioria das células tumorais tem um citoplasma esparso, mas algumas podem ter um citoplasma eosinofílico ou espumoso abundante.

A atipia citológica é mínima e a mitose é rara na maioria dos tumores. Invasão vascular, elementos heterólogos (epitélio mucinoso) e necrose podem ser observados ocasionalmente (Oliva et al, 2014).

Imuno-histoquímica

As células tumorais são geralmente imunoreativas para citoceratina e WT-1, frequentemente para actina muscular lisa ou desmin, e menos frequentemente para marcadores do cordão sexual (calretinina, inibina, CD99, Melan-A, CD56), ER e PR são frequentemente positivas (Krishnamurthy et al, 1998).

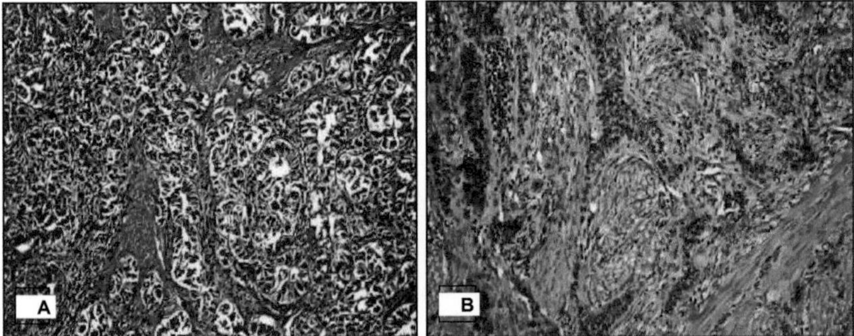

Fig. 6.35. Tumor uterino semelhante a um tumor do cordão sexual ovariano (Oliva et al, 2014). Túbulos ocos e sólidos revestidos com células colunares com citoplasma abundante, reminiscente de um tumor de células de Sertoli do ovário. As células com aspecto de **Bland** formando cordas anastomosantes fazem lembrar um tumor de células granulosas adultas e feixes musculares dissecados.

Perfil genético

Os tumores carecem da fusão JAZF1-SUZ12 que caracteriza os tumores endometriais do estroma, indicando que é pouco provável que sejam tumores endometriais de derivação do estroma.

6.2.3. Tumores mesenquimais diversos

Rhabdomyosarcoma

Tumor maligno heterólogo mesenquimatoso mostrando sinais de diferenciação do músculo esquelético.

<u>Código ICD-O 8900/3</u>

O tumor é raro, mas é o sarcoma heterólogo mais comum do útero. O corpus uterino é o segundo local mais comum deste tumor depois do colo do útero em adultos. Os subtipos pleomórficos e embrionários são os mais comuns; as variantes fusiformes e alveolares são extremamente raras. O rabdomiossarcoma embrionário afecta geralmente os doentes em idade fértil, enquanto que aqueles com rabdomiossarcoma pleomórfico são geralmente pós-menopausa (Fadare, 2011).

Características clínicas

As pacientes experimentam normalmente hemorragia vaginal. Metade das pessoas com rabdomiossarcoma pleomórfico têm doença ectópica no momento do diagnóstico (Oliva et al, 2014).

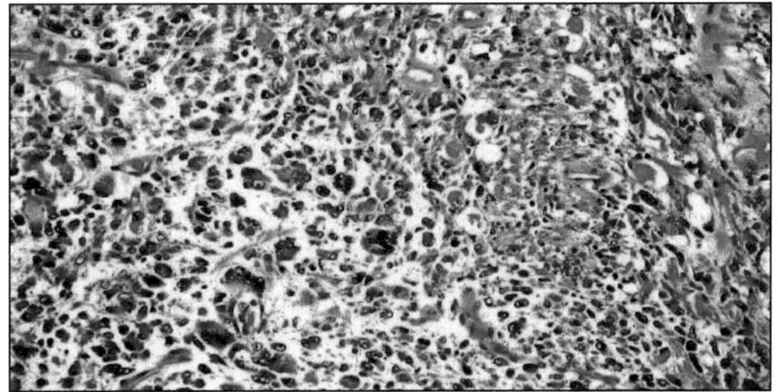

Fig 6.36. Rabdomiossarcoma pleomórfico (Oliva et al, 2014). Muitas células tumorais têm abundante citoplasma eosinofílico e grandes núcleos atípicos, por vezes multinucleados.

Anatomo-histopatologia

Os tumores são frequentemente grandes. O rabdomiossarcoma embrionário pode formar projecções polipoides múltiplas na cavidade endometrial, e o rabdomiossarcoma embrionário e pleomórfico pode formar polipoides, submucosal ou intramuros mal definidos. Quando cortados, são carnosos, macios e brancos a cinzentos e podem ser observadas grandes áreas de necrose ou hemorragia (Oliva et al., 2014).

O rabdomiossarcoma pleomórfico (Fig. 6.36) mostra uma mistura variável de fuso altamente atípico e células poligonais, algumas com um brilhante citoplasma eosinofílico e núcleos fora do centro, por vezes com estilhas cruzadas, formando clusters não coesivos mal definidos. As células neoplásicas mostram atipias citológicas marcadas e células gigantes; também se podem ver células em cinta (Fadar, 2010). O rabdomiossarcoma embrionário é caracterizado por uma proliferação de pequenas células primitivas com um citoplasma esparso e núcleos ovais. As células tendem a condensar-se sob o epitélio de superfície e em torno de glândulas endometriais aprisionadas.

"camada de cambium". Existem frequentemente áreas hipo e hipercelulares alternadas. Os primeiros têm tipicamente um fundo edematoso ou mixóide enquanto os segundos são tipicamente formados por pequenos agregados de células que podem mostrar diferenciação rabdomioblástica focal com as suas ligações cruzadas. O rabdomiossarcoma de células fusiformes é composto por fascículos de células fusiformes, algumas das quais contêm um citoplasma eosinofílico brilhante e estiações cruzadas enquanto que no rabdomiossarcoma alveolar as células são dispostas em alvéolos soltos que contêm células arredondadas não coesas de tamanho variável com citoplasma eosinofílico. Observa-se normalmente uma actividade mitótica vigorosa (Oliva et al, 2014).

Imuno-histoquímica

Os rabdomiossarcomas são geralmente positivos para actina, desmin, miogenina e MyoD1, mioglobina e miosina, mas negativos para actina muscular lisa (Li et al, 2013).

Histogénese

O tumor pode ter origem em células mesenquimais ou representar uma proliferação estromal de uma malignidade mista de Müller (Oliva et al, 2014).

Prognóstico e Factores Preditivos

Os subtipos pleomórficos e alveolares estão associados a um resultado pior do que o rabdomiossarcoma embrionário, provavelmente porque invadem mais frequentemente o miométrio e os ductos linfovasculares.

A idade avançada (>20 anos) e a fase avançada seriam também factores de prognóstico independentes fracos (Ferguson et al, 2007a).

Tumor de células epitélioides perivasculares

Um tumor de células epiteliais perivasculares (PEComa) é um tumor mesenquimal, geralmente contendo células epiteliais com citoplasma transparente a eosinofílico, granular demonstrando diferenciação melanocítica e músculo liso, que se acredita ser derivado da célula epitelóide perivascular.

<u>Códigos ICD-O</u>

Tumor benigno com células epitélioides perivasculares 8714/0

Tumor maligno com células epitélioides perivasculares 8714/3

A maioria dos tumores ocorre em mulheres perimenopausadas (idade média de 51 anos) (Folpe et al, 2005). Alguns são vistos em doentes com complexo de esclerose tuberosa, embora menos frequentemente do que em tumores que ocorrem fora do tracto ginecológico (Vang e Kempson, 2002; Lim e Oliva, 2011).

<u>Características clínicas</u>

Os doentes têm uma massa pélvica ou uma hemorragia anormal.

<u>Anatomo-histopatologia</u>

Os tamanhos de tumor variam de 0,5 a 13 (média, 3,5) cm e a maioria são solitários (Folpe et al., 2005).

Podem ter uma fronteira bem definida ou infiltrante, tendo esta última por vezes uma aparência de "língua". Existe uma mistura variável de epitélioides e células do fuso. As células epitélioides estão dispostas em padrões aninhados ou difusos, enquanto as células do fuso estão dispostas em fascículos e ninhos curtos. Uma rede vascular proeminente e delicada pode ser visível. A esclerose pode estar presente (Hornick e Fletcher, 2008; Lim e Oliva, 2011). O citoplasma é claro a ligeiramente eosinofílico e granular e os núcleos são normalmente ovais a redondos e normocrómicos com pequenos núcleos. Por vezes, a atipia nuclear está presente. Alguns tumores contêm células dispersas, multinucleadas ou células gigantes com uma zona central eosinofílica rodeada por uma zona clara periférica (células de aranha) (Folpe et al, 2005). A actividade mitótica é variável mas frequentemente baixa (Oliva et, 2014).

<u>Imuno-histoquímica</u>

Os tumores expressos HMB-45 (92%), Melan-A (72%) e MiTF (50%) (Folpe et al, 2005). Até 80% de coloração positiva para a actina muscular lisa; a expressão de desmin e h-caldesmon é menos comum. Os tumores exprimem frequentemente os receptores hormonais. Em alguns doentes, são observados agregados perivasculares adicionais de células epiteliais positivas HMB-45 no miométrio, ovário, tecidos moles pélvicos e linfonodos adjacentes (Fadar et al, 2004).

Perfil genético

A maioria dos tumores esporádicos e sindrómicos exibe inactivação dos genes TSC1 ou TSC2 com subsequente activação do caminho do alvo mamífero da rapamicina (mTOR) (Martignoni et al, 2010). A mutação e perda da heterozigosidade do TSC2 com perda de expressão da tuberina, a proteína codificada pelo TSC2, encontra-se na maioria destes tumores. Rearranjo do gene TFE3 sem inactivação aparente dos genes TSC1 ou TSC2 é raro (Malinowska et al, 2012).

Susceptibilidade Genética

Os tumores raros ocorrem em associação com linfangio-leiomatose e complexo de esclerose tuberosa (Longacre et al, 1996).

Prognóstico e Factores Preditivos

Os parâmetros que prognósticos de impacto incluem altura (> 5 cm), margens de infiltração, atipias nucleares de alto grau, celularidade, índice mitótico (> 1/50 HPF), necrose e invasão vascular. PEComa com pleomorfismo nuclear e/ou células gigantes multinucleadas apenas ou com um tamanho superior a 5 cm são classificados como "de potencial maligno incerto", enquanto que os tumores com duas ou mais características preocupantes são considerados de alto risco de comportamento agressivo (Folpe et al, 2005). Tumores clinicamente agressivos propagaram-se aos pulmões, embora ocorram recidivas locais, metástases ósseas e, raramente, metástases linfonodais. Os tumores com inactivação dos genes TSC1 ou TSC2 podem responder à terapia inibidora do mTOR (Kwiatkowski e Malinowska, 2013).

Outros

O tumor miofibroblástico inflamatório é um tumor raro que ocorre normalmente em crianças e mulheres jovens. As pacientes sofrem de hemorragia vaginal, dor abdominal ou, raramente, perda de peso e febre. Os tumores são geralmente massas polipoides e/ou intramurais com uma superfície de corte carnudo ou gelatinosa, cinzento-branco. No exame microscópico, mostram uma fronteira expansível ou mal definida. As células em forma de fuso, poligonais ou em forma de estrela desenvolvem-se em fascículos de intersecção ou estão localizadas num fundo hipocelular (mixóide) ou hialino. Algumas células podem ter uma aparência de gânglio (Rabban et al., 2005).

Ocorre uma atipia citológica focal moderada e as mitoses são baixas (<5/10 HPF). A infiltração de linfoplasmócitos é comum. As células tumorais são positivas para ALK1 enquanto a actina muscular lisa e o desmin são normalmente negativos ou apenas fracamente positivo (Rabban et al, 2005). Estes tumores parecem ter um curso benigno. Uma variedade de outros tumores mesenquimais, tanto benignos como malignos, podem ocorrer no útero. São raros e histologicamente semelhantes aos seus homólogos de tecido mole (Oliva et al, 2014).

Os tumores benignos incluem

- Lipoma;
- O hemangioma e
- Linfangioma.

Os tumores malignos incluem

- Angiossarcoma;
- Lipossarcoma;
- Osteosarcoma;
- Condrossarcoma;
- Lesarcomealveolar

tecido mole e

- O tumor do rabdoide (Oliva et al, 2014).

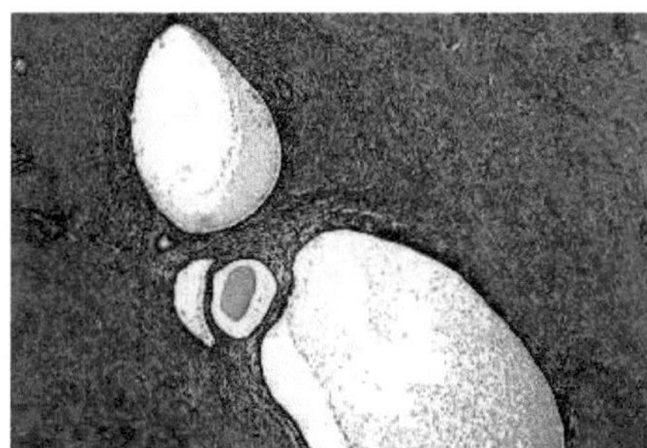

Fig. 6.37. Adenomyome típico (Wells et al., 2014). As glândulas endometrióides são rodeadas por estroma endometrial que, por sua vez, é rodeado por tecido miomatoso.

6.3 Tumores epiteliais e mesenquimais mistos

Adenomieloma

Tumor benigno constituído por um número variável de glândulas endometriais e um estroma endometrial rodeado por músculos lisos, sendo estes últimos os mais proeminentes (Fig. 6.37).

Código ICD-O 8932/0

Os adenomomas são muito mais comuns no corpo do que no colo do útero (Tahlan et al, 2006; Wells et al, 2014).

Características clínicas

Afectam principalmente mulheres pré-menopausadas com distúrbios menstruais e/ou hemorragia vaginal anormal.

Anatomo-histopatologia

São geralmente circunscritos e vão desde massas polipoides intracavitárias a massas serosas, mas a maioria são murais. Têm uma superfície de corte firme, com uma superfície de corte em forma de rascunho e um número variável de quistos pode ser visto, mas normalmente estão ausentes ou são pouco visíveis.

Os adenomiomas típicos são compostos por glândulas que podem ser cisticamente dilatadas, forradas com epitélio do tipo endometrial e rodeadas por estroma endometrial que, por sua vez está rodeado de fascículos de músculo liso que é normalmente o componente predominante. Podem ser observadas metaplasias escamosas, tubárias e mucosas. A componente muscular lisa pode mostrar a gama de alterações observadas nos leiomiomas, incluindo núcleos bizarros (Tahlan et al, 2006).

Adenomieloma polipoide atípico

Uma lesão polipoide composta por glândulas semelhantes endometrióides mostrando atipias citológicas e geralmente complexidade arquitectónica num estroma fibromuscular (Wells et al, 2014; Fadar e Roma, 2019).

Código ICD-O 8932/0

Anatomo-histopatologia

Os adenomielomas polipoides atípicos (APAs) estão frequentemente centrados no segmento uterino inferior medem em

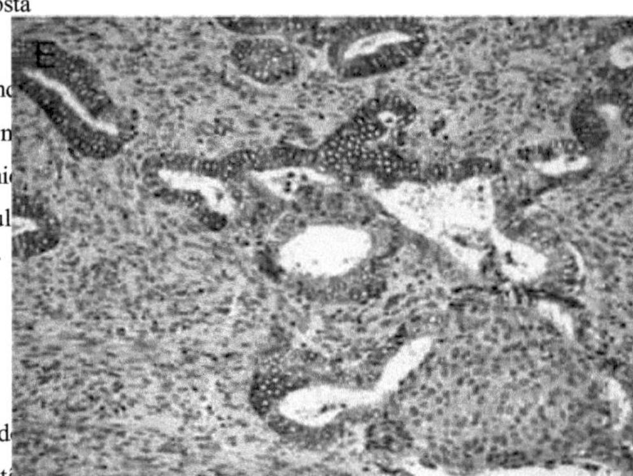

Fig. 6.38. Resultados de coloração imunohistoquímica mostrando a positividade do mTOR limitado ao componente glandular (Němejcová et al, 2015).

média de 2 cm de diâmetro, mas pode atingir 6 cm e ter uma consistência de borracha (Young et al, 1986; Matsumoto et al, 2013; Wells et al, 2014).

O adenomioma polipoide atípico mostra a complexidade arquitectónica da componente glandular com uma atipia citológica associada. Há frequentemente uma metaplasia escamosa proeminente sob a forma de mórulas escamosas num estroma miomatoso que pode mostrar necrose central. A componente glandular pode ter uma arquitectura lobulada. Aproximadamente 45% dos casos têm um nível de complexidade glandular que é indistinguível do carcinoma endometrióide de grau 1 FIGO. As glândulas são rodeadas por um componente estroma celular mas benigno que pode ser miomatoso ou miofibroblástico (Mazur, 1981; Soslow et al, 1996; Matsumoto et al, 2013; Wells et al, 2014; Fadar e Roma, 2019).

O perfil morfológico e molecular da APA é semelhante ao do HA/INE e, em grande medida, ao do carcinoma endometrióide de baixo grau. Estes tumores podem estar associados à hipermetrotilação do promotor MLH-1 (aproximadamente 40%) e à instabilidade do microsatélites, como evidenciado por hiperplasia atípica complexa e adenocarcinoma endometrióide (Fadar e Roma, 2019).

Imuno-histoquímica

O padrão de coloração das células do estroma não tem qualquer padrão invulgar. Os resultados imunohistoquímicos são mostrados na Figura (6.38). A positividade do mTOR foi limitada principalmente à componente glandular (Němejcová et al, 2015).

Susceptibilidade Genética

Três casos de adenomielomas polipoides atípicos foram associados à síndrome de Turner (Clement and Young, 1987).

Prognóstico e Factores Preditivos

Foi descrita a progressão ou associação com hiperplasia atípica ou adenocarcinoma endometrióide na lesão e no endométrio adjacente. Existe aproximadamente um risco de 10% de carcinoma endometrial em mulheres com adenomoma polipoide atípico, que é consideravelmente superior ao risco global de menos de 1% em mulheres com pólipos endometriais (Wells et al, 2014).

Adenofibroma

Tumor composto por uma mistura de epitélio e estroma de Müller, sendo ambos os componentes benignos. O estroma é derivado do estroma endometrial, que pode assemelhar-se, mas é mais frequentemente fibroblástico (Wells et al, 2014). Estes ocorrem geralmente em mulheres na pós-menopausa e são raros (Bettaieb et al, 2007; Wells et al, 2014).

Código ICD-O 9013/0

Sinónimos

Adenofibroma de Müller; adenofibroma papilífero

Características clínicas

A maioria das pacientes tem hemorragia vaginal anormal, corrimento, ou uma massa prolapsada. Casos raros têm sido associados à terapia de tamoxifen (Oshima et al, 2002; Hayasaka et al, 2006).

Anatomo-histopatologia

Estas são geralmente massas polipoides na cavidade endometrial, mas podem envolver o segmento uterino inferior. Raramente podem ser murais ou serosos.

São geralmente sólidos, mas um pequeno componente cístico pode ser observado. O epitélio tipicamente benigno do tipo endometrial cobre grandes frondes papilares de estroma que projectam intraluminalmente ou formam pequenas glândulas tubulares, que estão presentes num estroma mais abundante.

O componente mesenquimal apresenta células de aspecto benigno com morfologia endometrial estromal ou fibroblástica.

Ao contrário dos adenosarcomas, não há condensação peri-glandular do estroma, atipia ou actividade mitótica (Wells et al, 2014).

Prognóstico e Factores Preditivos

Se estritamente definidas, estas lesões são benignas. Os casos raros de invasão da veia miométrica ou pélvica são provavelmente exemplos de adenosarcoma de baixo grau (Seltzer et al, 1990; Gallardo e Prat, 2009).

Adenosarcoma

Um tumor epitelial e mesenquimal misto no qual o componente epitelial é benigno ou atípico e o componente estroma é maligno de baixo grau. Quando pelo menos 25% do tumor contém um componente sarcomatoso de alta qualidade, este é classificado como um "adenosarcoma com proliferação sarcomatosa".

Código ICD-O 8933/3

Sinónimo

Adenosarcoma de Müller

Características clínicas

A maioria ocorre em mulheres na pós-menopausa, mas cerca de 30% ocorrem em pacientes na pré-menopausa, incluindo adolescentes. Os sintomas habituais que apresentam são hemorragias vaginais anormais, mas também pode haver um corrimento ou massa saliente na vagina. Foram relatadas associações com radioterapia pélvica prévia, terapia de estrogénio a longo prazo sem oposição, particularmente terapia de tamoxifen (Arici et al, 2000; Carvalho et al, 2000; Wells et al, 2014). Pode haver uma história de pólipos uterinos que, após exame, podem ser reinterpretados como adenosarcoma (Kerner e Lichtig, 1993).

Anatomo-histopatologia

Estes tumores são geralmente polipoides e raramente murais ou serosos. Têm um diâmetro médio de 6,5 cm e podem preencher a maior parte ou a totalidade da cavidade uterina. A superfície cortada é firme com pequenos quistos contendo líquido aquoso ou mucóide. Se houver uma proliferação sarcomatosa, há uma maior probabilidade de invasão miométrica e o

Os tumores tendem a ser maiores com uma superfície carnosa, hemorrágica e necrótica (Clement, 1989; Kim et al, 2011; Yilmaz et al, 2000).

A baixa potência (Fig. 6.39 B), as projecções papilares polipoides do estroma celular sobressaem normalmente nos lúmenes das glândulas dilatadas.

Algumas glândulas podem ser alongadas e comprimidas, dando uma arquitectura semelhante a um filoide (Fig. 6.39 A). O estroma é geralmente mais celular e condensado "pescoço" em torno das glândulas. O epitélio é geralmente endometrióide mas tem frequentemente metaplasia mucosa, escamosa ou tubária. O estroma assemelha-se tipicamente ao estroma neoplástico do endométrio mas é frequentemente fibroblástico, especialmente longe das glândulas (Czernobilsky et al, 1983; Clement and Scully, 1990; Wells et al, 2014). Pode mostrar

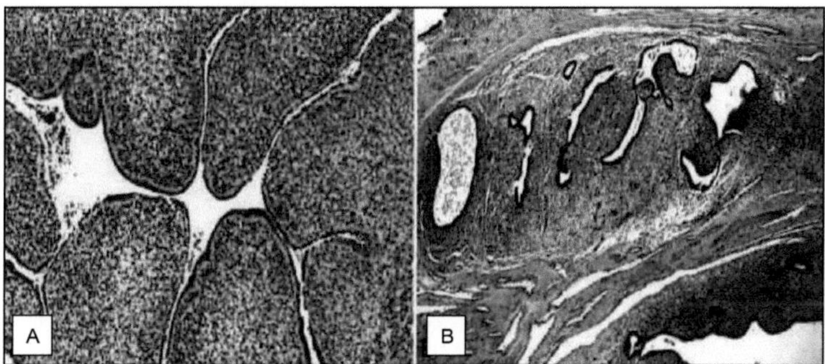

Fig. 6.39. Adenosarcoma (Wells et al., 2014). As fundas polipoides compostas de estroma celular são claramente visíveis, dando uma aparência de folha. **B** Condensação periglandular proeminente do estroma celular em torno das glândulas com um aspecto benigno.

elementos heterólogos (incluindo cartilagem imatura e músculo esquelético) e diferenciação do cordão sexual (Clarke et al, 2011). A componente estromal tem uma actividade mitótica variável, mas mesmo num grau mínimo, na presença de celularidade e características arquitectónicas típicas, justifica um diagnóstico de adenosarcoma. A quantidade de estroma excede quase sempre a componente epitelial (Wells et al, 2014).

O adenosarcoma com proliferação sarcomatosa é um adenosarcoma com uma componente estroma de alta qualidade. É visto em cerca de 10% dos adenosarcomas e apresenta-se frequentemente com invasão miometrial e vascular. Áreas de proliferação sarcomatosa mostram maior pleomorfismo nuclear e actividade mitótica.

do que as áreas adenosarcomatosas e mais frequentemente têm elementos heterólogos, incluindo cartilagem maligna, músculo esquelético ou lipossarcoma.

Imuno-histoquímica

A componente mesenquimal dos adenosarcomas expressa geralmente CD10, ER e PR (Soslow et al, 2008; Aggarwal, et al, 2012). Estes marcadores são frequentemente perdidos em áreas de proliferação sarcomatosa, que geralmente mostram uma elevada imunoreactividade para Ki-67 e p53 (Aggarwal, et al, 2012; Wells et al, 2014).

Prognóstico e Factores Preditivos

Os adenosarcomas uterinos podem voltar a ocorrer localmente em até 30% dos casos, especialmente na vagina; as recidivas podem ser precoces ou tardias. A presença de invasão miométrica profunda é um factor de risco de recidiva. A doença metástática está geralmente associada a tumores com proliferação sarcomatosa (Arend et al, 2010). Os resultados para estes pacientes são fracos.

Carcinoma

Tumor bifásico composto por elementos carcinomatosos e sarcomatosos de alto nível.

Código ICD-O 8980/3

Sinónimo

O tumor maligno misto de Müller (Wells et al, 2014) ou o adenosarcoma de Müller (Fadar e Roma, 2019).

Estes tumores representam < 5% de todas as neoplasias malignas uterinas. Existe uma associação com a terapia tamoxifen ou utilização de estrogénio a longo prazo sem oposição (Djordjevic et al, 2009; Wells et al, 2014). Podem também apresentar-se como uma complicação a longo prazo da radioterapia pélvica. O intervalo de tempo médio entre a irradiação e o desenvolvimento de tumores é entre 10 e 20 anos. Os doentes com carcinosarcoma partilham os mesmos factores de risco predisponentes que para o carcinoma endometrial (Ostor e Rollason, 2003).

Características clínicas

Estes tumores ocorrem geralmente em mulheres na pós-menopausa que normalmente têm hemorragia vaginal. Cerca de um terço tem sinais de propagação ectópica no momento do diagnóstico. No exame clínico, existe frequentemente um útero aumentado ou massa pélvica. O tumor estende-se através do colo do útero em cerca de metade dos pacientes (Wells et al, 2014).

O tumor é tipicamente grande e polipoide, preenchendo toda a cavidade uterina e muitas vezes saliente através do osso cervical. É normalmente mole, com áreas de hemorragia, necrose e degeneração cística na secção. Há invasão miométrica frequente e, por vezes, envolvimento cervical.

Há normalmente uma mistura íntima de epitélio e mesênquima de alta qualidade; qualquer uma delas pode predominar (Fig. 6.40. A e B). Os dois componentes são geralmente distintos e claramente delineados, mas a fusão pode ser observada (McCluggage, 2010a; Fadar et al., 2016). O epitélio é mais frequentemente do tipo endometrióide ou seroso, mas outros tipos de células de Müllerian podem ser encontrados. O componente

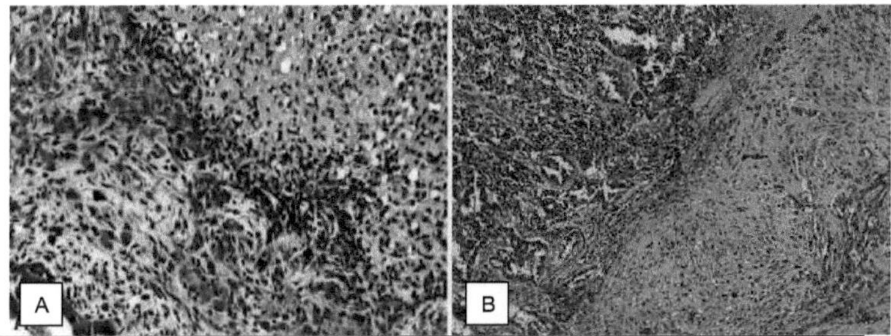

Fig. 6.40. Carcinoma (Wells et al., 2014; Fadar e Roma, 2019)). **Uma** cartilagem maligna, bem como rabdomioblastos, são considerados o componente heterólogo mesenquimal. O componente maligno epitelial está presente no canto inferior esquerdo extremo. **B** Dois componentes distintos, um carcinoma de alta qualidade e um sarcoma, estão intimamente misturados mas não se fundem.

O mesenquimal é na sua maioria sarcoma não específico de alto grau, mas elementos heterólogos, incluindo rabdomiossarcoma, condrossarcoma e, raramente, osteossarcoma, são observados em 50% dos casos. A diferenciação neuroectodérmica pode raramente ocorrer. Estes tumores têm geralmente invasão miométrica e linfovascular profunda (Wells et al, 2014).

Histogénese

Pensa-se que estes tumores são shunt epitelia ilustrando a transiç mesenquimal epitel (Yoshida et al, 2000; We et al, 2014).

Perfil genético

Vários estudos genéticos moleculares confirmaram sua origem clonal e a sua mostrou um perfil molecular semelhante a

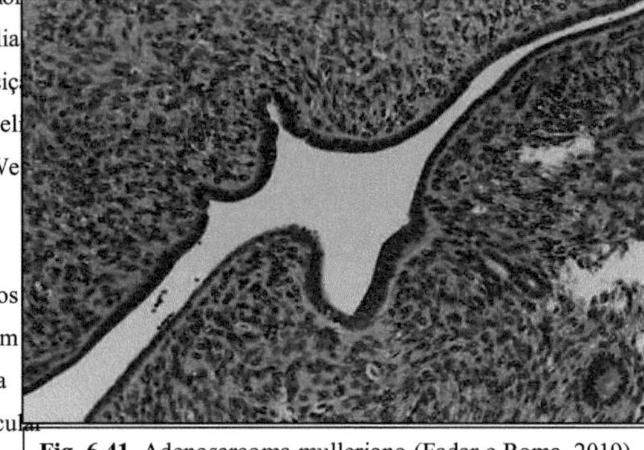

Fig. 6.41. Adenosarcoma mulleriano (Fadar e Roma, 2019).

carcinomas endometriais de alto grau, sendo a mutação TP53 a alteração molecular mais comum (Taylor et al, 2006). Quase 50% destes tumores transportam mutações nas vias PI3K / AKT e/ou RAS / RAF, sendo as mais comuns as que afectam PIK3CA, observadas em aproximadamente 20% dos tumores (Growdon et al, 2011; Biscuola et al, 2013). Uma variedade de outros defeitos moleculares foram recentemente notificados em carcinosarcomas que afectam e incluem VEGFA, HMGA2, HPRT1 e a desregulamentação do microRNA numa única pequena região impressa do cromossoma 14q32 (Wells et al, 2014). As mudanças na via Akt / β-catenin e a repressão transcripcional da E-cadherina parecem ser essenciais para o estabelecimento das características fenotípicas do carcinosarcoma (Castilla et al, 2011).

Prognóstico e Factores Preditivos

Estes tumores estão associados a um mau prognóstico e têm um padrão de propagação semelhante ao do carcinoma endometrial de alto grau. Uma elevada proporção de doentes com doença aparentemente em fase clínica I tem provas de propagação ectópica no momento do diagnóstico.

A propagação metástática é geralmente para os gânglios linfáticos pélvicos e para-aórticos, por vezes com metástases hematogénicas distantes para os pulmões, cérebro e ossos. No entanto, a maioria dos doentes morre em resultado da recidiva pélvica/abdominal local. O risco de doenças e metástases avançadas está intimamente relacionado com a profundidade da invasão do miométrio. Os elementos serosos e de células claras do cancro estão associados a uma maior frequência de outras características prognóstico desfavorável. A presença de evidência heteróloga demonstra um mau prognóstico estatisticamente significativo em doentes da fase I (Ferguson et al, 2007b); a presença de um componente rabdomiossarcomatoso tem o pior prognóstico.

6.4 Tumores Diversos

Tumor adenomatóide

Tumor benigno de origem mesotelial (Nogales et al, 2002).

Código ICD-O 9054/0

Características clínicas

A idade dos pacientes varia muito (45 anos em média). A maioria dos tumores são descobertas incidentais (Nogales et al, 2002). Tumores multifocais / difusos foram notificados em doentes imunocomprometidos (Acikalin et al, 2009).

Anatomo-histopatologia

A maioria dos tumores está localizada no miométrio externo. São geralmente solitários, pequenos (frequentemente <4 cm) e sólidos, mas podem raramente ser difusos, multifocais, grandes (>10 cm) ou predominantemente císticos (Nogales et al, 2002; Hanada et al, 2003; Acikalin et al, 2009). Têm arestas relativamente mal definidas (em comparação com leiomiomas) com uma superfície de corte firme, nodular, cinza-branco (Nogales et al, 2002).

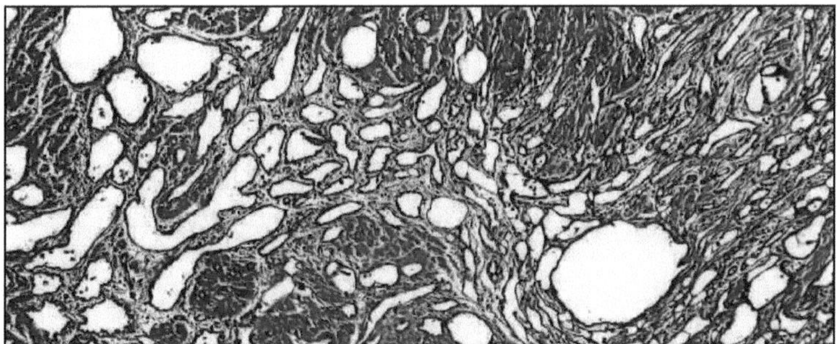

Fig. 6.42. Tumor adenomatóide (Prat et al, 2014). O tumor é composto por túbulos de tamanhos variáveis e alguns quistos. Está associado a uma hipertrofia significativa do

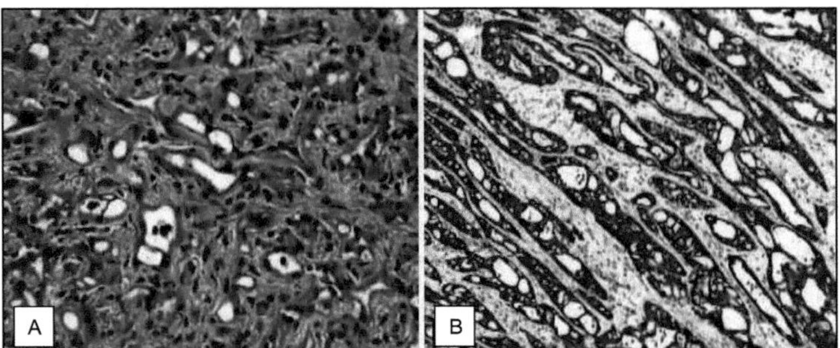

Fig. 6.43. Tumor adenomatóide (Prat et al, 2014). **A Os** espaços pseudovasculares e pseudoglandulares interanastomosing são forrados com células planas inofensivas, algumas com uma aparência de cavalete, e misturadas com linfócitos dispersos. **B** As células tumorais têm uma elevada imunoreatividade para a calretinina.

Pseudo-glândulas ou espaços pseudo-vasculares interanastomoses (Figs. 6.42 e 6.43) (mais comuns), túbulos de tamanho variável (se pequenos, em forma de retrocesso), cistos e excrescências papilares difusas e, menos frequentemente, uma combinação destes pode ser observada (Prat et al, 2014).

As células são achatadas ao cubóide com um citoplasma pálido a eosinófilo que pode conter vacúolos e núcleos redondos com pequenos núcleos. A atipia citológica e a actividade mitótica são pouco visíveis. A hipertrofia do músculo liso franco está frequentemente presente, bem como o infiltrado linfóide variável, incluindo centros germinativos. O azul alciano positivo é visível em lúmenes e vacúolos (Nogales et al, 2002).

Imuno-histoquímica

Células tumorais expressas AE1 / AE3, CAM 5.2, CK7, CK18 e 19, calretinina, WT-1, D2-40 e HMBE-1 (Nogales et al, 2002; Schwartz e Longacre, 2004).

Histogénese

São shunt mesotelial (Nogales et al, 2002).

Prognóstico e Factores Preditivos

Este tumor é benigno.

Tumores neuroectodérmicos

Tumor periférico ou neuroectodérmico central (Terrada et al, 2008).

Sinónimos

Tumor Tumor neuroectodérmico primário de tipo periférico; sarcoma de Ewing extraesquelético; PNET; tumor neuroectodérmico primário de tipo central; medulloblastoma; neuroblastoma; ependymoblastoma

Estes tumores são raros (Terrada et al, 2008).

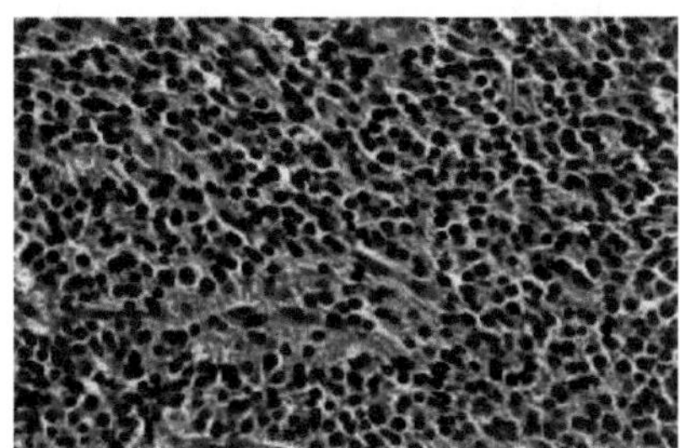

Fig. 6.44. PNET de tipo central (Prat et al, 201). As pequenas células tumorais encontram-se sobre um delicado fundo fibrilar indicando

Características clínicas

Ocorrem em mulheres na pós-menopausa (>50 anos de idade) que apresentam hemorragia vaginal e/ou uma massa e frequentemente (aproximadamente 50%) têm doença uterina adicional no momento do diagnóstico (Terrada et al, 2008).

Anatomo-histopatologia

São geralmente grandes (até 20 cm, média de 6 cm) e macias com uma superfície de corte branco a bege friável mostrando hemorragia e necrose.

Os tumores podem ser divididos naqueles que se assemelham aos seus homólogos do sistema nervoso central ou aos sarcomas periféricos PNET/Ewing (Figs. 6.44 e 6.45). A maioria dos tumores consiste numa população monótona de células primitivas redondas de tamanho pequeno a médio que se desenvolvem em folhas, ninhos e cordas. Têm uma elevada relação nuclear/citoplasmática e uma actividade mitótica viva. Podem ser observadas células neurais, glial, epenodiais ou medulloepiteliais, com ou sem rosetas (Fig. 6.45), em tumores de tipo central. As rosetas de Homer Wright podem ser vistas em ambas. Pode ocorrer uma associação com adenocarcinoma endometrial, adenosarcoma, malignidade mista de Müllerian ou sarcoma de alto grau (Terrada et al, 2008; Prat et al, 2014).

Imuno-histoquímica

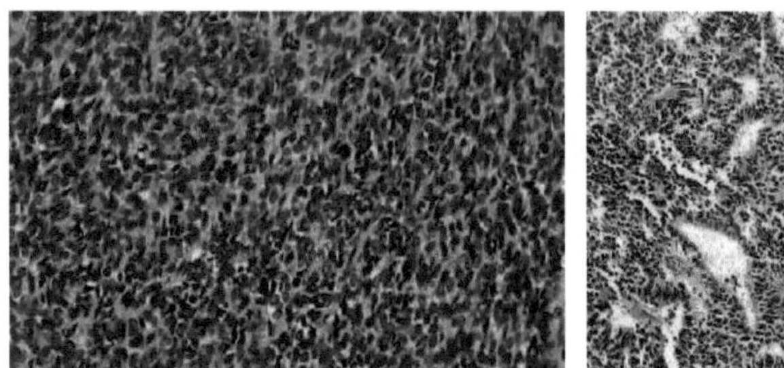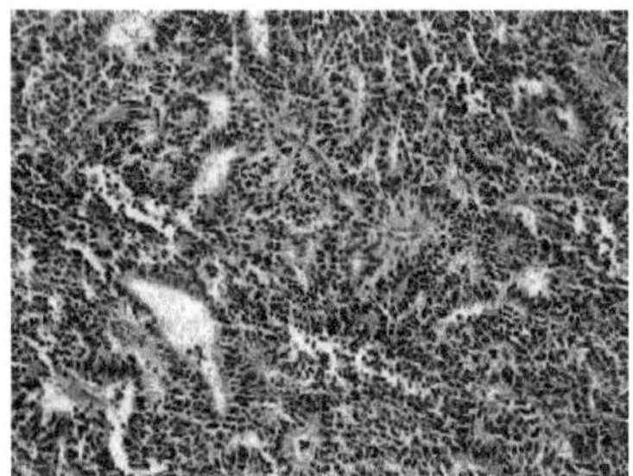

Fig. 6.45. (Prat et al, 2014). Sarcoma de Ewing/periférico PNET. O tumor é composto por folhas de pequenas células redondas azuis com citoplasma esparso e núcleos redondos a ovais com núcleos pouco visíveis. **B PNET de** tipo central. As células tumorais formam estruturas tubulares e rosetas perivasculares e epenodímicas indicando diferenciação epenodímica.

Ambos os subtipos são Fli-1 positivos. Exprimem frequentemente CD99, synaptophysin, NSE, CD56, neurofilamentos e S-100, enquanto o GFAP (que suporta uma origem central) e AE1 / AE3 são menos frequentemente positivos (Terrada et al, 2008).

Perfil genético

Os PNETs periféricos são caracterizados por uma translocação recorrente t (11,22) (q24; q12) resultando num produto de fusão EWS / FLI-1 (Terrada et al, 2008; Prat et al, 2014).

Prognóstico e Factores Preditivos

Os NTP centrais e periféricos são tumores muito malignos associados a taxas de sobrevivência curtas (geralmente <3 anos), apesar do tratamento agressivo, especialmente no caso de fase alta (Terrada et al, 2008; Prat et al, 2014).

Tumores de células germinativas

Os tumores de células germinativas como os teratomas e os tumores do saco vitelino podem desenvolver-se no endométrio, quer em forma pura, quer associados ao carcinoma endometrióide (Nogales et al, 2012), que pode ser invadido pelo tumor de células germinativas (Roth et al, 2011). Na sua forma pura, assume-se que estes tumores resultam da migração aberrante de células germinativas primordiais (Prat et al, 2014).

6.5 Tumores linfóides e mielóides

Linfoma

Tumores malignos compostos por células linfóides.

Características clínicas

Os linfomas raramente ocorrem no corpus uterino; na maioria das vezes, o corpus está secundariamente envolvido por um linfoma que aparece noutro local. As mulheres adultas acima de uma vasta faixa etária são afectadas. Sofrem frequentemente hemorragia vaginal e menos frequentemente dores pélvicas ou abdominais (Vang et al, 2000).

Anatomo-histopatologia

Os tumores são geralmente suaves e carnosos e muitas vezes mal delineados.

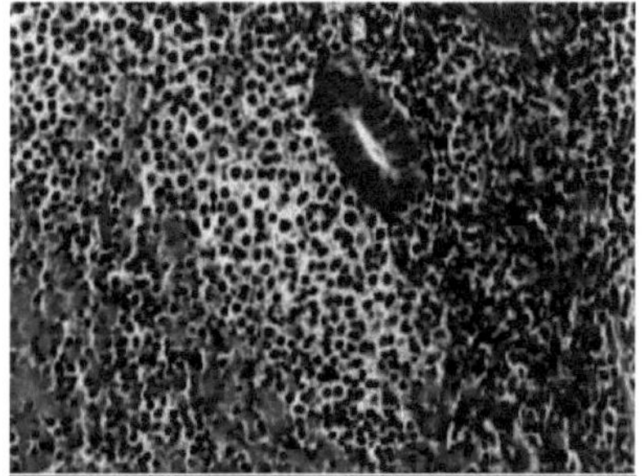

Fig. 6.46. Linfoma da zona endometrial marginal (Prat et al, 2014). A alta potência mostra uma população monótona de pequenas células linfóides com núcleos ovais, cromatina escura lisa e um citoplasma pálido moderadamente abundante compatível com células da zona marginal, circundando uma glândula endometrial.

O tipo mais comum de linfoma primário é o linfoma difuso de grandes células B. Os tipos menos comuns são linfoma de Burkitt, linfoma folicular e linfoma extranodal d zona marginal (Prat et al, 2014). Linfomas linfoblásticos raros B e T (Kosari et al, 2005; Tanet al, 2011), linfomas periféricos T (Kirk et al, 2001) e endometriais primários NK

/ T, tipo nasal, foram relatados. Uma variedade semelhante de linfomas pode envolver o corpo secundariamente, embora com uma predominância menos marcante de grandes linfomas difusos das células B. As células tumorais desenvolvem-se frequentemente entre as glândulas endometriais residuais e percolam entre os feixes de músculo miométrio, mas pode observar-se um derrame difuso. A esclerose é discreta ao contrário dos linfomas cervicais (Prat et al, 2014).

Prognóstico e Factores Preditivos

Os doentes com linfoma uterino primário com doença localizada parecem ter um bom prognóstico. O linfoma da zona marginal do endométrio tem um prognóstico muito bom. Os doentes com doença generalizada ou envolvimento uterino secundário têm um mau prognóstico (Harris e Scully, 1984; prat et al, 2014).

Tumores mielóides

Neoplasias malignas de origem hematopoiética, incluindo leucemia mielóide e sarcoma mielóide, uma lesão de massa composta por células mielóides primitivas.

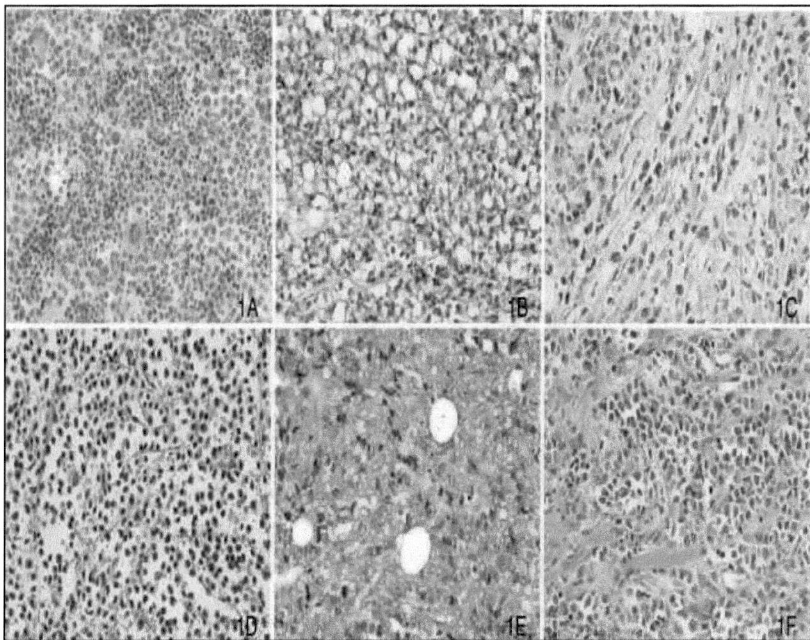

Fig. 6.47. Tumores mielóides (Wang e Li, 2016). (A) As células tumorais variaram de tamanho desde pequenas células redondas (citoplasma de células de tamanho médio abundante com coloração vermelha e granular; alguns núcleos eram excêntricos) a megacariócitos (foram observados citoplasma abundante com coloração vermelha pálida e núcleos lobulados). (B) Disposição celular difusa e desordenada. Foram observadas células tumorais em forma de elhorn com citoplasma vacuolado. Os núcleos vesiculos eram comuns com pequenos núcleos. (C) Células tumorais dispostas num padrão linear ou "ficheiro indiano". Os núcleos eram irregulares. Foram observados pequenos núcleos. O citoplasma corado é pálido. Foram encontrados alguns granulócitos eosinófilos. O colagénio isolado foi observado no mesênquima. (D) As células tumorais apresentavam um arranjo semelhante ao acinus. As células tumorais são pequenas e imaturas. Foram observados núcleos hipercróticos com pequenos núcleos. Núcleos renais e um pequeno número de lóbulos eram visíveis. Foram também observadas células tumorais plasmocitóides. A cromatina nuclear está bem. O citoplasma é abundante, corado de vermelho e púrpura com grãos, em alguns casos denso e homogéneo. (E) O tumor invadiu o tecido adiposo. As células com fronteiras mal definidas mostraram uma disposição generalizada. A cromatina nuclear é fina com núcleos vesiculares. Foram observados 1 a 2 pequenos núcleos. Os padrões mitóticos e a apoptose são comuns. O citoplasma era menos a médio com vermelho pálido. (F) As células tumorais apresentavam um arranjo semelhante ao acinus. A cromatina nuclear é fina com núcleos vesiculares. Foram observados pequenos núcleos. Foram encontrados alguns granulócitos eosinófilos. Foi observado colagénio isolado no mesênquima. Coloração HE x600.

O sarcoma mielóide também é chamado cloroma, sarcoma granulocítico ou tumor mielóide extramedular.

Características clínicas

As mulheres de todas as idades podem ser afectadas. Se a leucemia mielóide afectar o sistema reprodutor feminino, o envolvimento do corpus é comum e pode ser clinicamente silencioso. Raramente, as pacientes têm sarcoma mielóide que afecta o corpus uteri e podem sofrer de hemorragia vaginal ou dor. O sarcoma mielóide é por vezes a primeira apresentação de neoplasia mielóide; noutros casos, é concomitante com leucemia mielóide aguda na medula óssea (Prat et al, 2014).

Histopatologia

As neoplasias consistem na proliferação difusa de células mielóides primitivas com bordos mal definidos e núcleos ovais, irregulares ou dobrados, cromatina fina, distintos a núcleos proeminentes e limitados a quantidades moderadas de citoplasma. Algumas células estão dispostas num padrão linear ou "ficheiro indiano", e uma pequena proporção de células tinha uma forma de cordão. Podem ser observadas células em maturação com diferenciação mielóide reconhecível (Fig. 6.47) (Prat et al, 2014; Wang & Li, 2016).

Histogénese

Uma rara ocorrência de uma neoplasia mielóide relacionada com o tratamento foi relatada após quimioterapia para o cancro da mama.

Prognóstico e Factores Preditivos

O prognóstico é melhor com a doença localizada; varia de acordo com o tipo de anomalia genética subjacente.

6.6 Tumores Secundários

Tumores do corpo uterino que têm origem num tumor ectópico primário (Prat et al, 2014).

Características clínicas

A idade média dos doentes é de 60 anos e podem sofrer hemorragias uterinas anormais (Prat et al, 2014).

Macroscopia

Podem ocorrer tumores únicos ou múltiplos. Vão desde descobertas microscópicas acidentais a grandes massas, como nos casos de propagação directa de carcinoma cervical (Fig. 6.48) (Prat et al, 2014).

Sítio de origem

Na maioria dos casos, o tumor primário é conhecido. Raramente, um tumor diagnosticado por curetagem ou histerectomia é o primeiro sinal de um tumor extra-uterino primário. Os tumores secundários do corpo uterino podem ser divididos em dois grupos principais; tumores genitais e tumores dos órgãos extra-genitais. Neoplasias de órgãos vizinhos tais como o colo do útero, trompas de falópio, ovários, bexiga e recto podem metástase no corpo uterino através de linfáticos ou vasos sanguíneos, mas representam principalmente uma extensão directa.

Podem ocorrer hematogenias uterinas ou metástases linfáticas de qualquer tumor extra-genital primário, mas são extremamente raras. Os tumores primários relatados incluem carcinomas da mama, estômago, cólon, pâncreas, vesícula biliar, pulmão, bexiga e tiróide e melanoma. O carcinoma lobular mamário, o carcinoma espinocelular gástrico e o carcinoma do cólon são os tumores primários extra-genitais mais frequentemente notificados (Famoriyo et al, 2004; Tsoi et al, 2005; Prat et al, 2014).

Histopatologia

O carcinoma metástático do corpus deve ser suspeito se uma ou mais das seguintes características estiverem presentes:

i) Padrão histológico inusitado para o carcinoma endometrial primário;

ii) Substituição difusa do estroma endometrial com preservação das glândulas pré-existentes;

iii) Ausência de alterações pré-cancerosas nas glândulas endometriais;

iv) danos desproporcionados à serosa e ao miométrio externo. Os estudos imunohistoquímicos são muitas vezes necessários.

Prognóstico e Factores Preditivos

Os pacientes têm geralmente um mau prognóstico, uma vez que a doença é geralmente generalizada (Prat et al, 2014).

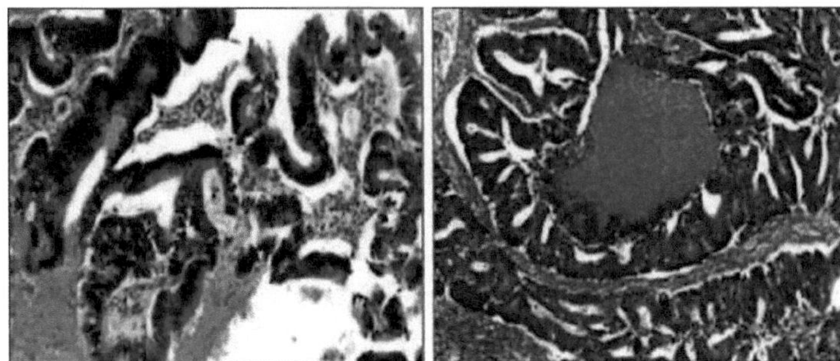

Fig. 6.48. Carcinome métastatique du côlon à l'endomêtre (Prat et al, 2014).
A La tumeur imite l'adénocarcinome endométrioïde. B Nécrose sale et «apparence de guirlande».

Referências

1. Abeler VM, Kjorstad KE (1991). Clear cell carcinoma of the endometrium: um estudo histopatológico e clínico de 97 casos. Gynecol Oncol 40: 207-217.

2. Gérard J e Tortora N (1990). Princípios de anatomia e fisiologia. Anagnostakos, p: 841-860.

3. Abu-Rustum NR, Zhou Q, Gomez JD, Alektiar KM, Hensley ML, Soslow RA, Le vine DA, Chi DS, Barakat RR, Iasonos A (2010). Um nomograma para prever a sobrevivência global das mulheres com cancro endometrial após terapia primária: para melhorar os cuidados individualizados de cancro. Gynecol Oncol 116: 399-403.

4. Acikalin MF, Tanir HM, Ozalp S, Dundar E, Ciftci E, Ozalp E (2009). Tumor adenomatóide uterino difuso num doente com infecção crónica pelo vírus da hepatite C. Int J Gynecol Cancer 19: 242-244.

5. Afiyanti, Y., Milanti, A., & Putri, R. H. (2018). Perspectivas Internacionais: Necessidades de Cuidados de Apoio como Preditores de Qualidade de Vida em Pacientes com Cancro Ginecológico Canadian Oncology Nursing Journal, 28(1), 30-37. doi:10.5737/23688076762813037

6. Agag F, (2012). Curso: Epidemiologia dos Cânceres. Hospital Universitário de Oran. Departamento de Epidemiologia e Medicina Preventiva. Dezembro de 2012. 70 p.

7. Aggarwal N, Bhargava R, Elishaev E (2012). Adenosarcomas uterinos: utilização de diagnóstico do marcador de proliferação Ki-67 como coadjuvante do diagnóstico morfológico. Int J Gynecol Pathol 31: 447-452.

8. Albores-Saavedra J, Martinez-Benitez B, Luevano E (2008). Carcinomas de pequenas células e carcinomas neuroendócrinos de grandes células do endométrio e do colo do útero: os tumores polipoides e os que surgem nos pólipos podem ter um prognóstico favorável. Int J Gynecol Pathol 27: 333-339.

9. Alessandra Graziottin e Dania Gambini (2015). Anatomia e fisiologia dos órgãos genitais - mulheres, Handbook of Clinical Neurology, Vol. 130 (3ª série). Elsevier.

10. AlizadehAA, Ross DT, PeyrouCM, van de Rijn M (2001). Para uma nova

classificação de malignidades humanas baseada em padrões de expressão genética. J Pathol. 2001 Set; 195(1):41-52.

11. Alkushi A, Köbel M, Kalloger SE, Gilks CB (2010). Carcinoma endometrial de alto grau: os carcinomas serosos e endometrióides de grau 3 têm diferentes imunofenótipos e resultados. Int J Gynecol Pathol 29: 343-350.

12. Altrabulsi B, Malpica A, Deavers MT, Bodurka DC, Broaddus R, Silva EG. Carcinoma indiferenciado do endométrio. Am J Surg Pathol. 2005; 29: 1316-21.

13. Amant F, Tousseyn T, Coenegrachts L, Decloedt J, Moerman P, Debiec-Rychter M (2011). Relato de caso de tumor uterino pouco diferenciado com translocação t(10;17) e fenótipo neuroectodérmico. Res 31 Anticâncer: 2367-2371.

14. Amant, F., Mirza, M. R., Koskas, M., & Creutzberg, C. L. (2018). Cancro do corpus uteri. International Journal of Gynecology & Obstetrics, 143, 37-50. Doi : 10.1002/ijgo.12612

15. Ambros RA, Ballouk F, Malfetano JH, Ross JS. Importância da diferenciação papilar (villoglandular) no carcinoma endometrióide do útero. Am J Surg Pathol. 1994;18:569–75.

16. Amy R. Blair, Cheyanne M. Casas (2009). Câncer Ginecológico. Prato da Clínica Prim Care 36 (2009) 115-130 doi:10.1016/j.pop.2008.10.001

17. An HJ, Logani S, Isacson C, Ellenson LH (2004). Caracterização molecular do carcinoma de células claras do útero. Mod Pathol 17: 530-537.

18. Meirinha A, Barros JF (2015). Fisiologia sexual feminine. *In* Manual De Medicina Sexual, Visão Multidisciplinar. Fortunato Barros et Rute Figueiredo. p: 233-235

19. Ansari-Lari MA, Staebler A, Zaino RJ, Shah KV, Ronnett BM (2004). Distinção de adenocarcinomas endocervicais e endometriais: expressão imunohistoquímica p16 correlacionada com a detecção de DNA do papilomavírus humano (HPV). Am J Surg Pathol 28: 160-167.

20. Arend R, Bagaria M, Lewin SN, Sun X, Deutsch I, Burke WM, Herzog TJ, Wright JD (2010). Resultado a longo prazo e história natural dos adenosarcomas uterinos. Gynecol Oncol 119: 305-308.

21. Arias-Stella J (2002). A reacção de Arias-Stella: factos e fantasias quatro décadas depois. Adv Anat Pathol 9: 12-23.

22. Arici DS, Aker H, Yildiz E, Tasyurt A (2000). Adenosarcoma mulleriano do útero associado à terapia com tamoxifeno. Arq Gynecol Obstet 264: 105-107.

23. Atkins K, Bell S, Kempson R, Hendrickson M. Epithelioid tumores musculares lisos *do útero. Modern Pathol 2001;14:132A.*

24. Auguste, A., & Leary, A. (2017). Anomalias e cancros de reparação de ADN. ginecológico. CancerNewsletter , 104(11), 971-980. doi:10.1016/j.bulcan.2017.09.007

25. Baak JP, Mutter GL, Robboy S, van Diest PJ, Uyterlinde AM, Orbo A, Palazzo J, Fiane B, Lovslett K, Burger C, Voorhorst F, Verheijen RH (2005). O sistema de classificação da neoplasia intra-epitelial baseado na genética molecular e morfometria prevê a progressão da doença na hiperplasia endometrial com maior precisão do que o sistema de classificação catiónica da Organização Mundial de Saúde de 1994. Cancro 103: 2304- 2312.

26. Baak JP, Nauta JJ, Wisse-Brekelmans EC, Bezemer PD (1988). As características morfométricas arquitectónicas e nucleares em conjunto são prognosticadores mais importantes nas hiperplasias endometriais do que apenas as características morfométricas nucleares. J Pathol 154: 335-341.

27. Baker P, Oliva E (2007). Tumores endometriais do estroma do útero: uma abordagem prática que utiliza a morfologia convencional e técnicas auxiliares. J Clin Pathol 60: 235-243.

28. Bell SW, Kempson RL, Hendrickson MR. *Neoplasias* uterinas problemáticas do músculo liso*: um estudo clinicopatológico de 213 casos. Am J Surg Pathol 1994;18: 535- 558.*

29. Benedet JL. (2006). História do Relatório Anual. Int J Gynecol Obstet 2006 ; 95(Suppl. 1) : S1-2.

30. Benkirane Saad (2019). Ecografia endovaginal, Hospital Universitário de Tânger, 07 de Março de 2019. Faculdade de Medicina e Farmácia, Tânger.

31. Bentivegna, E., Maulard, A., Miailhe, G., Gouy, S., & Morice, P. (2018). Cirurgia para cancros ginecológicos e preservação da fertilidade. Journal of Visceral Surgery, 155, S22-S28. doi:10.1016/j.jchirv.2018.03.001

32. Bergeron, C. (2006). Histologia e fisiologia do endométrio normal. CME - Ginecologia, 1(3), 1-8. doi: 10.1016/s0246-1064(06)43137-6.

33. Berretta R, Rolla M, Merisio C, Giordano G, Nardelli GB (2008). Tumor muscular liso uterino de potencial maligno incerto: um relatório de três casos. Int J Gynecol Cancer 18: 1121-1126.

34. Bettaieb I, Mekni A, Bellil K, Haouet S, Bellil S, Kchir N, Chelly H, Zitouna M (2007). Endometrial adenofibroma: uma entidade rara. Arco Gynecol Obstet 275: 191-193.

35. Bewtra C, Xie QM, Hunter WJ, Jurgensen W (2005). Ichthyosis uteri: um relatório de caso e revisão da literatura. Arch Pathol Lab Med 129: e124-e125.

36. Biscuola M, Van de Vijver K, Castilla MA, Romero-Perez L, Lopez-Garcia MA, Diaz- Martin J, Matias-Guiu X, Oliva E, Palacios Calvo J. (2013). Alterações oncogénicas em carcinosarcomas endometriais. Hum Pathol 44: 852-859.

37. Blume-Jensen P. e Hunter T., 2001. Sinalização de cinase oncogénica. Natureza; 411:355- 365.

38. Bouhadef, F. Asselah, A. Boudriche, N. Chaoui, F/Z. Benserai, A. Kaddouri-Slimani e Colaboradores (2016). Cytopatologia para a Rastreio de Precursores e Cancro do Colo do Útero. INSP, 2ª Edição: 7-20.

39. Boulle N, 2010. Curso: Oncogenese: Introdução Geral. Oncologia - Anatomia Patológica de Tumores. Faculdade de Medicina Montpellier-Nîmes.

40. Brassard, L., & Bessette, P. (2012). Valor da citologia ginecológica e CA 125 para a previsão da doença ectópica no cancro endometrial. Journal of Obstetrics and Gynaecology Canada, 34(7), 657- 663. doi:10.1016/s1701-2163(16)35319-1

41. Broaddus RR, Lynch HT, Chen LM, Daniels MS, Conrad P, Munsell MF, et al. Características patológicas do carcinoma endometrial associado ao HNPCC: uma comparação com o carcinoma endometrial esporádico. Cancro. 2006;106:87–94.

42. Pike M, Dahdouh E, Marino-Martinez C, Fanny D, Morand A, Provencher S (2014). Pequeno guia para a infertilidade. P : 56-60.

43. Carlson JW, Mutter GL (2008). A neoplasia intra-epitelial endometrial está associada a pólipos e tem frequentemente alterações metaplásicas. Histopatologia 53: 325-332.

44. Carvalho FM, Carvalho JP, Motta EV, Souen J (2000). Adenosarcoma multileriano do útero com crescimento sarcomatoso após tratamento com tamoxifeno para o cancro da mama. Rev Hosp Clin Fac Med São Paulo 55: 17-20.

45. Castilla MA, Moreno-Bueno G, Romero- Perez L, Van de Vijver K, Biscuola M, Lopez- Garcia MA, Prat J, Matias-Guiu X, Cano A, Oliva E, Palacios J (2011). Assinatura do micro- RNA da transição epitelial-mesquelimal em carcinosarcoma endometrial. J Pathol 223: 72-80.

46. Chan JK, Kawar NM, Shin JY, Osann K, Chen LM, Powell CB, Kapp DS (2008). Endometrial stromal sarcoma: uma análise baseada na população. Br J Cancer 99: 1210- 1215.

47. Chang KL, Crabtree GS, Lim-Tan SK, Kempson RL, Hendrickson MR (1990). Neoplasias endometriais uterinas primárias do estroma. Um estudo clinicopatológico de 117 casos. Am J Surg Pathol 14: 415-438.

48. Charles Duyckaerts, Pierre Fouret, Jean-Jacques Hauw (2003). Curso: Anatomia Patológica. Universidade Pierre e Marie Curie. Faculdade de Medicina. CDR2 nível. p99-178.

49. Chiang S, Ali R, Melnyk N, McAlpine JN, Huntsman DG, Gilks CB, Lee CH, Oliva E (2011). Frequência de rearranjos genéticos conhecidos em tumores endometriais do estroma. Am J Surg Pathol 35: 1364-1372.

50. Christopherson WM, Alberhasky RC, Connelly PJ. Carcinoma do endométrio: I. um estudo clinicopatológico do carcinoma de células claras e do carcinoma secretor. Cancro. 1982;49:1511–23.

51. Clarke BA, Mulligan AM, Irving JA, McCluggage WG, Oliva E (2011). Adenosarcomas mullerianos com padrões de crescimento invulgares: questões de encenação. Int J Gynecol Pathol 30: 340-347.

52. Clement PB (1989). Adenosarcomas mullerianos do útero com crescimento sarcomatoso. Uma análise clinicopatológica de 10 casos. Am J Surg Pathol 13: 28-38.

53. Clement PB, Scully RE (1976). Tumores uterinos que se assemelham a tumores de cordas sexuais ovarianas. Uma análise clinicopatológica de catorze casos. Am J Clin Pathol 66: 512-525.

54. Clement PB, Scully RE (1990). Adenosarcoma multileriano do útero: uma análise clinicopatológica de 100 casos com uma revisão da literatura. Hum Pathol 21: 363-381.

55. Clement PB, Young RH (1987). Adenomioma polipoide atípico do útero associada à síndrome de Turner. Um relatório de três casos, incluindo uma revisão de
neoplasias endometriais "associadas ao estrogénio" e neoplasias associadas à

síndrome de Turner. Int J Gynecol Pathol 6: 104-113.

56. Creasman W (2009). Realização revista do FIGO para o carcinoma do endométrio. Int J Gynaecol Obstet 105: 109.

57. Creasman, W., Odicino, F., Maisonneuve, P., Quinn, M., Beller, U., Benedet, J., Pecorelli, S. (2006). Carcinoma do Corpus Uteri. International Journal of Gynecology & Obstetrics, 95, S105-S143. doi:10.1016/s0020-7292(06)60031-3

58. Cyriac Kandoth , Nikolaus Schultz, Andrew D. Cherniack1 , Rehan Akbani, Yuexin Liu, Hui Shen, A. Gordon Robertson, Itai Pashtan, Ronglai Shen, Christopher C. Benz, Christina Yau, Peter W. Laird, Li Ding, Wei Zhang, Gordon B. Mills, Raju Kucherlapati, Elaine R. Mardis & Douglas A. Levine (2013). Cancer Genome Genome Atlas Research Network, Integrated genomic characterization of endometrial carcinoma. Natureza 2013;497(7447):67-73.

59. Czernobilsky B (2008). Tumores uterinos que se assemelham a tumores do cordão sexual dos ovários: uma actualização. Int J Gynecol Pathol 27: 229-235.

60. Czernobilsky B, Hohlweg-Majert P, Dallenbach-Hellweg G (1983). Adenosarcoma uterino: um estudo clinicopatológico de 11 casos com uma reavaliação dos critérios histológicos. Arco Gynecol 233: 281-294.

61. Dabbs DJ, Sturtz K, Zaino RJ (1996). A discriminação imuno-histoquímica dos adenocarcinomas endometrióides. Hum Pathol 27: 172-177.

62. Denoix PF, Schwartz D. (1959). Regras gerais para a classificação dos cancros e apresentação dos resultados terapêuticos. Mem Acad Chir 1959 ; 85 : 415-24.

63. Deodhar KK, Kerkar RA, Suryawanshi P, Menon H, Menon S (2011). Grande carcinoma neuroendócrino celular do endométrio: um diagnóstico extremamente incomum, mas que vale a pena os esforços. J Cancer Res Ther 7: 211-213.

64. Derek C. Allen (2006). Relatório histopatológico. Guidelines for surgical cancer, 2nd Ed, Springer : 239-293.

65. DeWaay DJ, Syrop CH, Nygaard IE, Davis WA, Van Voorhis BJ (2002). História natural dos pólipos uterinos e leiomiomata. Obsteto Gynecol

100: 3-7.

66. Di Paola GR. (2001). História e racionalidade da encenação de cancros ginecológicos. CME J Gynecol Oncol 2001 ; 6 : 230-1.

67. Dionigi A, Oliva E, Clement PB, Young RH (2002). Nódulos estromais endometriais e tumores estromais endometriais com infiltração limitada: um estudo clinicopatológico de 50 casos. Am J Surg Pathol 26 : 567-581.

68. Djordjevic B, Gien LT, Covens A, Malpica A, Khalifa MA (2009). Polipoide ou não polipoide? Uma nova abordagem dicotómica do carcinoma uterino. Gynecol Oncol 115: 32-36.

69. Dreisler E, Stampe SS, Ibsen PH, Lose G (2009). Prevalência de pólipos endometriais e hemorragia uterina anormal numa população dinamarquesa com idades compreendidas entre os 20-74 anos. Ultrasound Obstet Gynecol 33: 102-108.

70. Elaine N. Marieb (1999). Anatomia Humana e Fisiologia - Tradução da 4ª edição americana por Jean-Pierre Artigau, France Boudreault, Annie Desbiens, Marie-Claude Désorcy. Adaptação francesa por René Lachaîne, Ed Renouveau Pédagogique Inc, 1053-1060.

71. El-Harrak M, (2016). Educação terapêutica dos doentes com cancro. Tese de doutoramento em Farmácia. Univ. Mohamed V, Faculdade de Medicina e Farmácia, Rabat.

72. Eng C (2003). PTEN: um gene, muitas síndromes. Hum Mutat 22: 183-198.

73. Fadare O (2011). Sarcomas homólogos heterólogos e raros do corpus uterino: uma revisão clinicopatológica. Adv Anat Pathol 18: 60-74.

74. Fadare O, Parkash V, Desouki MM (2016). Adenosarcoma de Müllerian do útero e as suas mímicas de diagnóstico. AJSP: Rev Reports.;21:82-92.

75. Fadare O, Parkash V, Yilmaz Y, Mariappan MR, Ma L, Hileeto D, Qumsiyeh MB, Hui P (2004). Tumor epitélioide perivascular (PEComa) do colo uterino associado à "PEComatose" intra-abdominal: Um estudo clinicopatológico com análise comparativa de hibridização genómica. Mundo J Surg Oncol 2: 35.

76. Famoriyo A, Sawant S, Banfi eld PJ (2004). Hemorragia uterina anormal como apresentação de doença metastática da mama numa paciente com cancro da mama avançado em terapia tamoxifen. Arco Gynecol Obstet 270: 192-193.

77. Ferguson SE, Gerald W, Barakat RR, Chi DS, Soslow RA (2007a). Características clinicopatológicas do rabdomiossarcoma de origem

153

ginecológica em adultos. Am J Surg Pathol 31: 382-389.

78. Ferguson SE, Tornos C, Hummer A, Barakat RR, Soslow RA (2007b). Características prognósticas da fase cirúrgica I de carcinosarcoma uterino. Am J Surg Pathol 31: 1653- 1661.

79. Folpe AL, Mentzel T, Lehr HA, Fisher C, Balzer BL, Weiss SW (2005). Neoplasias perivasculares de células epiteliais de tecido mole e de origem ginecológica: um estudo clinicopatológico de 26 casos e revisão da literatura. Am J Surg Pathol 29: 1558-1575.

80. Frank H. Netter, MD, (2014). Atlas d'anatomie humaine 6ème Ed. Tradução de Pierre Kamina e Jean-Pierre Richer. Elsevier: 349-353.

81. Fritz A, Percy C, Jack A, Shanmugaratnam K, Sobin L, Parkin DM, Whelan S (2000). International Classifi cation of Diseases for Oncology (ICD-O). Terceira edição. Organização Mundial de Saúde: Genebra.

82. Fritz April, Constance Percy, Andrew Jack, Kanagaratnam Shanmugaratnam, Leslie Sobin, D. Max Parkin, Sharon Whelan (2008). International Classification of Diseases for Encology ICD-O 3, OMS, 3rd Ed, Genebra.

83. Fukunaga M (2011). Rabdomiossarcoma alveolar puro do corpus uterino. Pathol Int 61: 377-381.

84. Gallardo A, Prat J (2009). Adenosarcoma mulleriano: um estudo clinicopatológico e imuno-histoquímico de 55 casos que desafiam a existência de adenofibroma. Am J Surg Pathol 33: 278-288.

85. Garg K, Leitao MM Jr, Kauff ND, Hansen J, Kosarin K, Shia J, Soslow RA (2009). A selecção de carcinomas endometriais para a imunohistoquímica da proteína de reparação de incompatibilidade de ADN utilizando a idade do paciente e a morfologia do tumor aumenta a detecção de anomalias de reparação de incompatibilidade. Am J Surg Pathol 33: 925-933.

86. Garg K, Leitao MM Jr, Wynveen CA, Sica GL, Shia J, Shi W, Soslow RA (2010). p53 sobreexpressão em carcinomas endometriais morfologicamente ambíguos correlacionados com resultados clínicos adversos. Mod Pathol 23: 80-92.

87. Garnier M, Delamare J, Delamare F, Delamare L, Gélis-Malville É, (2008). Dictionnaire illustré des termes de médecine. 29th Ed, Maloine. p885.

88. Gerard J, Tortora (1990). Princípio da anatomia e fisiologia. p: 841-860.

89. Growdon WB, Roussel BN, Scialabba VL, Foster R, Dias-Santagata D, Iafrate AJ, Ellisen LW, Tambouret RH, Rueda BR, Borger DR (2011). Assinaturas específicas de tecidos de activar as mutações PIK3CA e RAS em carcinosarcomas de origem ginecológica. Gynecol Oncol 121: 212-217.

90. Gungorduk K, Ozdemir A, Ertas IE, Selcuk I, Solmaz U, Ozgu E, et al. O adenocarcinoma mucinoso do endométrio é um factor de risco para o envolvimento dos gânglios linfáticos? Um estudo de caso-controlo multicêntrico. Int J Clin Oncol. 2015;20:782–9.

91. Halperin R, Zehavi S, Habler L, Hadas E, Bukovsky I, Schneider D (2001). Estudo imuno-histoquímico comparativo do endometrioide e do carcinoma papilífero seroso do endométrio. Eur J Gynaecol Oncol 22: 122-126.

92. Hanada S, Okumura Y, Kaida K (2003). Tumores adenomatóides multicêntricos envolvendo útero, ovário, e apêndice. J Obstet Gynaecol Res 29: 234-238.

93. Harris NL, Scully RE (1984). Linfoma maligno e sarcoma granulocítico do útero e vagina. Uma análise clinicopatológica de 27 casos. Cancro 53: 2530-2545.

94. Hayasaka K, Morita K, Saitoh T, Tanaka Y (2006). Adenofibroma uterino e sarcoma estromal endometrial associado à terapia com tamoxifen: Conclusões da RM. Gráfico de imagem Comput Med 30: 315-318.

95. Hemminki K, Bermejo JL, Granstrom C (2005). Endometrial cancer: population attributable risks from reproductive, familial and socioeconomic factors. Eur J Cancer 41: 2155-2159.

96. Henri-Jean Philippe et al, (2010). Le Praticien Face aux Mutilations Sexuelles Feminines, gynécologie sans frontière e Direction générale de la santé, França. Julho de 2010. p 13-19.

97. Heron, J.F. (2003). Folheto. Oncologia geral, Capítulo: Classificação dos cancros. Faculté de Médecine de Caen - 19/12/2003 - França, 25p.

98. Hornick JL, CD Fletcher (2008). PEComa esclerosante: análise clinicopatológica de uma variante distinta com predilecção pelo retroperitoneu. Am J Surg Pathol 32: 493-501.

99. IARC (2001). Weight Control and Physical Activity, IARC Handbooks of

Cancer Prevention, Vol.6, 2001.

100.   IARC (2003). As causas do cancro, disponíveis em
https://www.iarc.fr/fr/publications/pdfs online/wcr/2003/wcrf-2.pdf. (Maio de 2020).

101.   Iham Ouguilit (2013). Sarcomas uterinos: abordagem diagnóstica
e terapêutica em 10 casos, tese N: 111, FMPR.

102.   Ip PP, Irving JA, McCluggage WG, Clement PB, Young RH (2013).
Proliferação papilar do endométrio: um estudo clinicopatológico de 59
casos de papilas simples e complexas sem atipias citológicas. Am J
Surg Pathol 37: 167-177.

103.   IPLH (Institut Politique Léon Harmel), 2012. CD Physiology of
Reproduction,   slides,   disponível   em
http://etudiant.iplh.fr/IPLH_S05A/?C=D;O=A (acedido em 20.04.2020)

104.   Jia L, Liu Y, Yi X, Miron A, Crum CP, Kong B, Zheng W. Displasia
glandular endometrial com mutação frequente do gene p53: uma
evidência genética que suporta a sua natureza pré-cancerígena para o
carcinoma seroso endometrial. Clin Cancer Res. 2008 ; 14 : 2263-9.

105.   Jones MA, Young RH, Scully RE. Adenocarcinoma endometrial
com um componente de carcinoma de células gigantes. Int J Gynecol
Pathol. 1991;10:260–70.

106.   Kaaks R, Lukanova A, Kurzer MS (2002). Obesidade, hormonas
endógenas, e risco de cancro endometrial: uma revisão sintética.
Biomarcadores da Epidemiologia do Cancro Prev 11: 1531-1543.

107.   Kamina, P., Richer, J. P., Scépi, M., Faure, J. P., & Demondion, X. (2006).
Anatomia clínica da genitália feminina. CME - Ginecologia, 1(1), 1-28.

108.   Karageorgi S, Hankinson SE, Kraft P, De Vivo I (2010). Factores
reprodutivos e uso de hormonas pós-menopausa em relação ao risco de
cancro endometrial na coorte do Estudo de Saúde das Enfermeiras
1976-2004. Int J Cancer 126: 208-216.

109.   Kerner H, Lichtig C (1993). Adenosarcoma multileriano
apresentando como pólipos cervicais: um relatório de sete casos e
revisão da literatura. Obsteto Gynecol 81: 655-659.

110.   Khalifa MA, Hansen CH, Moore JL Jr, Rusnock EJ, Lage JM (1996).
Endometrial stromal sarcoma com diferenciação focal do músculo liso:
recorrência após 17 anos: um relatório de acompanhamento com

discussão da nomenclatura. Int J Gynecol Pathol 15: 171-176.

111.   Kim KR, Peng R, Ro JY, Robboy SJ (2004). Uma característica histopatológica diagnosticamente útil do pólipo endometrial: o longo eixo de glândulas endometriais dispostas paralelamente ao epitélio de superfície. Am J Surg Pathol 28: 1057-1062.

112.   Kim SA, Jung JS, Ju SJ, Kim YT, Kim KR (2011). Adenosarcoma multileriano com crescimento sarcomatoso na cavidade pélvica que se estende até à veia cava inferior e ao átrio direito. Pathol Int 61: 445-448.

113.   Kirk CM, Naumann RW, Hartmann CJ, Brown CA, Banks PM (2001). Linfoma primário de células T endometriais. Um relatório de caso. Am J Clin Pathol 115: 561-566.

114.   Kolesnikov-Gauthier, H. (2009). 18FDG PET scans e cancros ginecológicos pélvicos. CME - Radiologia e Imagens Médicas - Genito-Urinário - Gineco-Obstetrical - Mamário, 4(4), 1-21. doi:10.1016/s1879-8543(09)70671-8

115.   Kolin DL, Costigan DC, Dong F, Nucci MR, Howitt BE. Uma abordagem morfológica e molecular combinada para identificar retrospectivamente adenocarcinomas do endométrio do tipo mesonefrómico modificado por KRAS. Am J Surg Pathol. 2019;43:389–98.

116.   Kosari F, Daneshbod Y, Parwaresch R, Krams M, Wacker HH (2005). Linfomas do tracto genital feminino: um estudo de 186 casos e revisão da literatura. Am J Surg Pathol 29: 1512-1520.

117.   Kottmeier HL. (1982). Relatório Anual sobre os Resultados do Tratamento do Cancro Ginecológico. FIGO ; 1982.

118.   Krishnamurthy S, Jungbluth AA, Busam KJ, Rosai J (1998). Os tumores uterinos que se assemelham aos tumores das cordas sexuais dos ovários têm um imunofenótipo consistente com a verdadeira diferenciação das cordas sexuais. Am J Surg Pathol 22: 1078-1082.

119.   Kuhn E, Wu RC, Guan B, Wu G, Zhang J, Wang Y, Song L, Yuan X, Wei L, Roden RB, Kuo KT, Nakayama K, Clarke B, Shaw P, Olvera N, Kurman RJ, Levine DA, Wang TL, Shih I (2012). Identificação de aberrações da via molecular no carcinoma seroso uterino por análises genómicas. J Natl Cancer Inst 104: 1503-1513.

120. Kurihara S, Oda Y, Ohishi Y, Iwasa A, Takahira T, Kaneki E, Kobayashi H, Wake N, Tsuneyoshi M (2008). Sarcomas do estroma endometrial e sarcomas de alto grau relacionados: estudo imunohistoquímico e genético molecular de 31 casos. Am J Surg Pathol 32: 1228-1238.

121. Kurman RJ, Carcangiu ML, Herrington CS, Young RH (2014). Classificação da OMS dos tumores dos órgãos reprodutores femininos. Lyon : IARC Press.

122. Kurman RJ, Kaminski PF, Norris HJ (1985). O comportamento da hiperplasia endometrial 280 Referências. Um estudo a longo prazo da hiperplasia "não tratada" em 170 pacientes. Cancro 56: 403-412.

123. Kurman RJ, Norris HJ (1982). Avaliação dos critérios para distinguir a hiperplasia endometrial atípica do carcinoma bem diferenciado. Cancro 49: 2547- 2559.

124. Kurman RJ, Scully RE (1976). Clear cell carcinoma of the endometrium: uma análise de 21 casos. Cancro 37: 872-882.

125. Kwiatkowski DJ, Malinowska IA (2013). Os tumores de células epiteliais perivasculares extrarrenais (PEComas) respondem à inibição do mTOR: correlatos clínicos e moleculares. Int J Cancer 132: 1711-1717.

126. Laure Favier, Leila Bengrine (2016). Cânceres ginecológicos. Curso IFSI em Dijon, 13 de Janeiro de 2016. Centro Georges François Leclerc.

127. Lax SF, Kendall B, Tashiro H, Slebos RJ, Hedrick L (2000). A frequência de p53, mutações K-ras, e instabilidade dos microsatélites difere no endometrioide uterino e no carcinoma seroso: evidência de percursos genéticos moleculares distintos. Cancro 88: 814-824.

128. Lax SF, Pizer ES, Ronnett BM, Kurman RJ (1998). Comparação do receptor de estrogénio e progesterona, Ki-67, e p53 imunoreatividade no carcinoma endometrióide uterino e no carcinoma endometrióide com diferenciação celular escamosa, mucinosa, secretora, e ciliada. Hum Pathol 29: 924-931.

129. Lee CH, Marino-Enriquez A, Ou W, Zhu M, Ali RH, Chiang S, Amant F, Gilks CB, van de Rijn M, Oliva E, Debiec-Rychter M, Dal Cin P,

Fletcher JA, Nucci MR (2012). As características clinicopatológicas dos sarcomas endometriais de YWHAE-FAM22: um tumor histologicamente de alta qualidade e clinicamente agressivo. Am J Surg Pathol 36: 641-653.

130.	Lee SC, Kaunitz AM, Sanchez-Ramos L, Rhatigan RM (2010). O potencial oncogénico dos pólipos endometriais: uma revisão sistemática e uma meta-análise. Obsteto Gynecol 116: 1197-1205.

131.	Li RF, Gupta M, McCluggage WG, Ronnett BM (2013). Rabdomiossarcoma embrionário (tipo botryoid) do corpus uterino e colo do útero em adulto

mulheres: relatório de uma série de casos e revisão da literatura. Am J Surg Pathol 37: 344-355.

132.	Li Z, Gilbert C, Yang H, Zhao C (2012). Acompanhamento histológico em doentes com Papanicolaou resultados de testes de células endometriais: resultados de um grande laboratório hospitalar académico de mulheres. Am J Clin Pathol 138: 79-84.

133.	Lim GS, Oliva E (2011). O espectro morfológico dos tumores associados a células PEC uterinas num doente com esclerose tuberosa. Int J Gynecol Pathol 30: 121-128.

134.	Lin MC, Lomo L, Baak JP, Eng C, Ince TA, Crum CP, Mutter GL (2009). As mórulas escamosas são elementos funcionalmente inertes de neoplasia endometrial pré-maligna. Mod Pathol 22: 167-174.

135.	Longacre TA, Hendrickson MR, Kapp DS, Teng NN (1996). Lymphangio- leiomiomatose do útero simulando sarcoma do estroma endometrial de alta fase. Gynecol Oncol 63: 404-410.

136.	Ly A, Mills AM, McKenney JK, Balzer BL, Kempson RL, Hendrickson MR, Longacre TA (2013). Leiomiomas atípicos do útero: um estudo clinicopatológico de 51 casos. Am J Surg Pathol 37: 643-649.

137.	M., J.-M. (2016). Cânceres ginecológicos: recolha de células por lavagem uterina. Revue Francophone Des Laboratoires, 2016(482), 15. doi:10.1016/s1773- 035x(16)30158-7

138.	Maillard C., 2002. Rap de proteínas. Concours Médical; 124, 1509.

139.	Malinowska I, Kwiatkowski DJ, Weiss S, Martignoni G, Netto G, Argani P (2012). Os tumores das células epiteliais perivasculares

(PEComas) que abrigam os rearranjos do gene TFE3 carecem das alterações TSC2 características dos PEComas convencionais: mais provas para uma distinção biológica. Am J Surg Pathol 36: 783-784.

140. Malpica A. Como abordar as muitas faces do carcinoma endometrióide. Mod Pathol. 2016;29(Suppl 1):S29-44.

141. Martignoni G, Pea M, Reghellin D, Gobbo S, Zamboni G, Chilosi M, Bonetti F (2010). Patologia molecular da linfangioleiomatose e outros tumores de epitélioides perivasculares. Arch Pathol Lab Med 134: 33-40.

142. Matias-Guiu X, Catasus L, Bussaglia E, Lagarda H, Garcia A, Pons C, Munoz J, Arguelles R, Machin P, Prat J (2001). Patologia molecular da hiperplasia endometrial e do carcinoma. Hum Pathol 32: 569-577.

143. Matias-Guiu X, Prat J (2013). Patologia molecular do carcinoma endometrial. Histopatologia 62: 111-123.

144. Matsumoto T, Hiura M, Baba T, Ishiko O, Shiozawa T, Yaegashi N, Kobayashi H, Yoshikawa H, Kawamura N, Kaku T (2013). Gestão clínica do adenomoma polipoide atípico do útero. Uma revisão clinicopatológica de 29 casos. Gynecol Oncol 129: 54-57.

145. Mazur MT (1981). Adenomiomas polipoides atípicos do endométrio. Am J Surg Pathol 5: 473-482.

146. Mazur MT, Kurman RJ (2005). Diagnóstico de Biópsias Endometriais e Curettings: Uma abordagem prática. 2ª Edição. Springer: Nova Iorque.

147. McCluggage WG (2010). Perturbações diversas envolvendo o endométrio. Semin Diagnostic Pathol 27: 287-310.

148. McCluggage WG (2010)a. Adenosarcoma de Müllerian do tracto genital feminino. Adv Anat Pathol. ; 17:122-9.

149. McFarland M, Quick CM, McCluggage WG. Adenocarcinomas uterinos e ovarianos positivos: relatório de uma série de adenocarcinomas tipo mesonefróide, com um factor de transcrição da tiróide 1. Histopatologia. 2016;68:1013–20.

150. McMeekin DS, Alektiar KM, Sabbatini PJ, Zaino R (2009). Corpus: tumores epiteliais. In: Princípios e prática da oncologia ginecológica. Princípios e prática da oncologia ginecológica. 683-732.

151. Melhem MF, Tobon H (1987). Adenocarcinoma mucinoso do

endométrio: uma revisão clínico-patológica de 18 casos. Int J Gynecol Pathol 6: 347- 355.

152.	Meyer LA, Broaddus RR, Lu KH (2009). Endometrial cancer and Lynch syndrome: clinical and patologic considerations. Controlo do cancro 16: 14-22.

153.	Mills AM, Ly A, Balzer BL, Hendrickson MR, Kempson RL, McKenney JK, Longacre TA (2013). Marcadores reguladores do ciclo celular no leiomioma atípico uterino

e leiomiossarcoma: estudo imuno-histoquímico de 68 casos com acompanhamento clínico. Am J Surg Pathol 37: 634-642.

154.	Mirkovic J, McFarland M, Garcia E, Sholl LM, Lindeman N, MacConaill L, et al. O perfil genómico alvo revela mutações KRAS recorrentes em mesonefrócitos - como adenocarcinomas do tracto genital feminino. Am J Surg Pathol. 2018;42:227– 33.

155.	Monte NM, Webster KA, Neuberg D, Dressler GR, Mutter GL (2010). Perda da expressão conjunta de PAX2 e PTEN em precursores endometriais e cancro. Res 70 de cancro: 6225-6232.

156.	Moreno-Bueno G, Gamallo C, Perez-Gallego L, de Mora JC, Suarez A, Palacios J (2001). padrão de expressão da beta-catenina, mutações do gene da beta-catenina, e instabilidade do microssatélite em carcinomas endometrióides dos ovários e carcinomas endometriais síncronos.

157.	Moritani S, Kushima R, Ichihara S, Okabe H, Hattori T, Kobayashi TK, Silverberg SG (2005). Mudança da célula eosinófila do endométrio: uma possível relação com a diferenciação mucosa. Mod Pathol 18: 1243- 1248.

158.	Muir CS et Percy C, 1991. Classificação e codificação das neoplasias. *Em* O.M. Jensen, D.M. Parkin, R. MacLennan, C.S. Muir e R.G. Skeet (1991). Princípios e Métodos de Registo do Cancro. Publicação científica IARC N° 95. Lyon, França. p 64-68.

159.	Mulligan AM, Plotkin A, Rouzbahman M, Soslow RA, Gilks CB, Clarke BA. Carcinoma endometrial de células gigantes: uma série de casos e revisão do espectro das neoplasias endometriais contendo células gigantes. Am J Surg Pathol. 2010;34:1132–8.

160. Musa F, Huang M, Adams B, Pirog E, Holcomb K. Mucinous histology é um factor de risco para metástases nodais no cancro endometrial. Gynecol Oncol. 2012;125:541–5.

161. Mutter GL, Baak JP, Crum CP, Richart RM, Ferenczy A, Faquin WC (2000). Diagnóstico pré-cancerígeno endometrial por histopatologia, análise clonal, e morfometria computorizada. J Pathol 190: 462-469.

162. Mutter GL, Kauderer J, Baak JP, Alberts D (2008). A biopsia histomorfométrica prevê a mioinvasão uterina por carcinoma endometrial: um estudo do Grupo de Oncologia Ginecológica. Hum. Pathol. 39: 866-874.

163. Nogales FF, Isaac MA, Hardisson D, Bosincu L, Palacios J, Ordi J, Mendoza E, Manzarbeitia F, Olivera H, O'Valle F, Krasevic M, Marquez M (2002). Tumores adenomatóides do útero: uma análise de 60 casos. Int J Gynecol Pathol 21: 34-40.

164. Nogales FF, Preda O, Nicolae A (2012). Tumores do saco vitelino revisitados. Uma revisão dos seus muitos rostos e nomes. Histopatologia 60: 1023-1033.

165. Norris HJ, Taylor HB (1966). Tumores mesenquimais do útero. I. Um estudo clínico e patológico de 53 tumores endometriais do estroma. Cancro 19: 755-766.

166. Nucci MR, Prasad CJ, Crum CP, Mutter GL (1999). Proliferações epiteliais endometriais mucosas: um espectro morfológico de alterações com diversos significados clínicos. Mod Pathol 12: 1137-1142.

167. Nucci MR, Young RH (2004). Arias-Stella reaction of the endocervix: um relatório de 18 casos com ênfase na sua histologia variada e diagnóstico diferencial. Am J Surg Pathol 28: 608-612.

168. Oliva E, Carcangiu ML, Carinelli SG, Ip P, Loening T, Longacre TA, Nucci MR, Prat J, Zaloudek CJ. Mesenquimal tumoursin *Em* Kurman RJ, Carcangiu ML, Herrington CS, Young RH (2014). Classificação da OMS de tumores de órgãos reprodutores femininos. Lyon : IARC Press.

169. Oliva E, de Leval L, Soslow RA, Herens C (2007). Alta frequência de fusão do gene JAZF1- JJAZ1 em tumores endometriais do estroma com diferenciação muscular suave por detecção interfásica de FISH. Am

J Surg Pathol 31: 1277-1284.

170. OMS: Organização Mundial de Saúde (1999). Global Status Report on Alcohol, Genebra, OMS.

171. Oshima H, Miyagawa H, Sato Y, Satake M, Shiraki N, Nishikawa H, Arakawa A, Ogino H, Hara M (2002). Adenofibroma do endométrio após terapia com tamoxifeno para o cancro da mama: resultados da RM. Imagens de Abdómen 27: 592-594.

172. Ostor AG, Rollason TP (2003). Tumores mistos do útero. In: Haines & Taylor Obstetrical and Gynaecological Pathology. Fox H, Wells M, eds. Churchill Livingstone: 549-584.

173. Parra-Herran C, Schoolmeester JK, Yuan L, Dal Cin P, Fletcher CD, Quade BJ, Nucci MR. Leiomiossarcoma mixóide do Útero: A Clinicopathologic Analysis of 30 Cases and Review of the Literature With Reappraisal of Its Distinction From

Outras Neoplasias Mesenquimais Mixoidais Uterinas. Am J Surg Pathol. 2016;40(3):285- 301

174. Paul S. e Regular E., (2001). Bases moleculares de Voncogenesis. Ann. Biol. Clínica; 59 393-402.

175. Peng, J., Raverdy, N., Foulques, H., Verhoest, P., Thulliez, A., Lorriaux, A., & Dubreuil, A. (2004). Cancros ginecológicos e mamários no departamento de Somme. Revue d'Épidémiologie et de Santé Publique, 52(5), 423- 430. doi:10.1016/s0398-7620(04)99078-5.

176. Pettersson F. (1991). Relatório Anual sobre os Resultados do Tratamento do Cancro Ginecológico. FIGO.

177. Pisani P, Parkin DM, Muñoz N, Ferlay J (1997). Cancro e infecção: estimativas da fracção atribuível em 1990. Biomarcadores de Epidemiologia do Cancro Prev, 6: 387-400.

178. PNC: Plano Nacional contra o Cancro 2015-2019 (2014). ANDS Ed, 2014. Elaborado por vários colaboradores e participantes.

179. Pocobelli G, Doherty JA, Voigt LF, Beresford SA, Hill DA, Chen C, Rossing MA, Holmes RS, Noor ZS, Weiss NS (2011).

180. Pocrnich CE, Ramalingam P, Euscher ED, Malpica A (2016). Carcinoma neuroendócrino do endométrio: um estudo clinicopatológico de 25 casos. Am J Surg Pathol.; 40:577-86.

181.   Pors J, Cheng A, Leo JM, Kinloch MA, Gilks B, Hoang L. Uma comparação do GATA3, TTF1, CD10, e calretinina na identificação de carcinomas mesonefróricos e mesonefróricos - como os carcinomas do tracto ginecológico. Am J Surg Pathol. 2018;42:1596–606.

182.   Prat J, Oliva E, Palacios J, Wells M. Tumores diversos *Em* Kurman RJ, Carcangiu ML, Herrington CS, Young RH (2014). Classificação da OMS de tumores de órgãos reprodutores femininos. Lyon : IARC Press.

183.   Prat, J., & Mutch, D. G. (2018). Patologia dos cancros do tracto genital feminino, incluindo a patologia molecular. International Journal of Gynecology & Obstetrics, 143, 93-108. Doi : 10.1002/ijgo.12617

184.   Quddus MR, Sung CJ, Zhang C, Lawrence WD (2010). Componentes celulares pouco serosos e claros afectam negativamente o prognóstico em carcinomas endometriais de "tipo misto": um estudo clinicopatológico de 36 casos em fase I. Reprod Sci 17: 673-678.

185.   Rabban JT, Zaloudek CJ, Shekitka KM, Tavassoli FA (2005). Inflamatório do tumor broblástico miofi do útero: um estudo clinicopatológico de 6 casos enfatizando a distinção de tumores mesenquimais agressivos. Am J Surg Pathol 29: 1348-1355.

186.   Rahimi S, Marani C, Renzi C, Natale ME, Giovannini P, Zeloni R (2009). Endometrial polyps and the risk of atypical hyperplasia on biopsies of unremarkable endometrium: um estudo em 694 doentes com pólipos endometriais benignos. Int J Gynecol Pathol 28: 522-528.

187.   Ramanah R, Parratte B (2013). Anatomia cirúrgica pélvico-perineal. *Em* Cancros Ginecológicos Pélvicos. Xavier Carcopino, Jean Levêque, Didier Riethmuller. Ed. Elsevier Masson: 3-14.

188.   Robert A. Soslow e Esther Oliva, Cancro Uterino: Patologia. *Em* Muggia et Oliva (2009). Rastreio, diagnóstico e tratamento do cancro do útero, Humana Press, Springer Science+Business Media. Nova Iorque.

189.   Ross JC, Eifel PJ, Cox RS, Kempson RL, Hendrickson MR (1983). Adenocarcinoma mucinoso primário do endométrio. Um estudo clinicopatológico e histoquímico. Am J Surg Pathol 7: 715-729.

190.   Roth LM, Talerman A, Levy T, Sukmanov O, Czernobilsky B (2011). Tumores do saco vitelino ovariano em mulheres idosas decorrentes de tumores epiteliais dos ovários ou sem componente epitelial detectável.

Int J Gynecol Pathol 30: 442-451.

191.   Rousseau, C., Fresnel, J.-S., Kraeber-Bodéré, F., Ricaud, M., & Houdebine, S. (2012). Cancros ginecológicos: gestão multidisciplinar de três casos clínicos. Medicina Nuclea r, 36(8), 462- 468. doi:10.1016/j.mednuc.2012.06.006

192.   Rudd ML, Price JC, Fogoros S, Godwin AK, Sgroi DC, Merino MJ, Bell DW (2011). Um espectro único de mutações somáticas PIK3CA (p110alpha) dentro de carcinomas endometriais primários. Clin Cancer Res 17: 1331-1340.

193.   Salvador J Diaz-Cano, (2008). Características morfológicas e biológicas gerais das neoplasias : integração de moleculares findings. Histopatologia 2008, 53, 1-19. DOI: 10.1111/j.1365-2559.2007.02937.x

194.   Schwartz EJ, Longacre TA (2004). Os tumores adenomatóides das vias genitais feminina e masculina expressam WT1. Int J Gynecol Pathol 23: 123-128.

195.   Segev Y, Iqbal J, Lubinski J, Gronwald J, Lynch HT, Moller P, Ghadirian P, Rosen B, Tung N, Kim-Sing C, Foulkes WD, Neuhausen SL, Senter L, Singer CF, Karlan B, Ping S, Narod SA (2013). A incidência de cancro endometrial em mulheres com mutações BRCA1 e BRCA2 : um estudo de coorte internacional prospectivo. Gynecol Oncol 130: 127-131.

196.   Selbey JV, Friedman GD, Herrinton LJ (1996). Outros produtos farmacêuticos para além das hormonas. In: Schottenfeld D, Fraumeni, JF eds, Cancer Epidemiology and Prevention, New York, Oxford University Press, 489-501.

197.   Seltzer VL, Levine A, Spiegel G, Rosenfeld D, Coffey EL (1990). Adenofi broma do útero: múltiplas recidivas após ampla excisão local. Gynecol Oncol 37: 427-431.

198.   Sherwood L, (2006). Fisiologia humana. Bruxelas: 840-846.

199.   Soslow RA, Ali A, Oliva E (2008). Mullerian adenosarcomas: uma análise imunofenotípica de 35 casos. Am J Surg Pathol 32: 1013-1021.

200.   Soslow RA, Pirog E, Isacson C (2000). Carcinoma intra-epitelial endometrial com carcinomatose peritoneal associada. Am J Surg Pathol. 24:726–32.

201.   Kohler c (2011). Female Genitalia, Teaching Histology, Polycopy,

Collège universitaire et hospitalier des histologistes, embryologistes, cytologistes et cytogénéticiens (CHEC), Université Médicale Virtuelle Francophone. p:75-89.

202.   Suarez AA, Felix AS, et Cohn DE (2017). Bokhman Redux: Os "tipos" de cancro endometrial no século XXI. Ginecologic Oncology, 144(2), 243-249. doi:10.1016/j.ygyno.2016.12.010

203.   Tafe LJ, Garg K, Chew I, Tornos C, Soslow RA. Carcinomas endometriais e ovarianos com componentes indiferenciados: neoplasias clinicamente agressivas e frequentemente subreconhecidas. Mod Pathol. 2010 ; 23 : 781-789.

204.   Tahlan A, Nanda A, Mohan H (2006). Adenomioma uterino: uma revisão clinicopatológica de 26 casos e uma revisão da literatura. Int J Gynecol Pathol 25: 361-365.

205.   Taillibert S. (2003). Biologia do cancro. *Em* Baillet (2015). Curso: Cancerologia. Capítulo 3: Universidade Pierre e Marie Curie. Faculdade de Medicina. Departamento de Radioterapia. Nível DCEM3.

206.   Tan SS, Peng XC, Cao Y (2011). Linfoma linfoblástico primário precursor de células B do corpo uterino: relato de caso e revisão da literatura. Arco Gynecol Obstet 284: 1289-1292.

207.   Tanner EJ, Garg K, Leitao MM Jr, Soslow RA, Hensley ML (2012). Sarcoma uterino indiferenciado de alto grau: cirurgia, tratamento, e resultados de sobrevivência. Gynecol Oncol 127: 27-31.

208.   Taraif SH, Deavers MT, Malpica A, Silva EG (2009). A significância da expressão neuroendócrina no carcinoma indiferenciado do endométrio. Int J Gynecol Pathol 28: 142-147.

209.   Tavassoli FA, Norris HJ (1981). Tumores mesenquimais do útero. VII. Estudo clinicopatológico de 60 nódulos endometriais do estroma. Histopatologia 5: 1- 10.

210.   Taylan, E., & Oktay, K. (2019). Preservação da fertilidade em cancros ginecológicos. Ginecologic Oncology. doi:10.1016/j.ygyno.2019.09.012

211.   Taylor NP, Zighelboim I, Huettner PC, Powell MA, Gibb RK, Rader JS, Mutch DG, Edmonston TB, Goodfellow PJ (2006). A reparação de desajustes de ADN e defeitos TP53 são eventos precoces na

tumorigenese de carcinosarcoma uterino. Mod Pathol 19: 1333- 1338.

212.   Terrada D, Lazar AJ, Silva EG, Malpica A (2008). Tumores uterinos com diferenciação neuroectodérmica: uma série de 17 casos e revisão da literatura. Am J Surg Pathol 32: 219-228.

213.   Tobon H, Watkins GJ. Adenocarcinoma secreto do endométrio. Int J Gynecol Pathol. 1985;4:328–35.

214.   Troglia Patrick (2014). Cartões visuais de 150-biologia. 3ª Ed. DUNODE, Paris. p 54-55.

215.   Tsoi D, Buck M, Hammond I, White J (2005). Adenocarcinoma gástrico apresentado como metástase uterina - um relato de caso. Gynecol Oncol 97: 932-934.

216.   van Hoeven KH, Hudock JA, Woodruff JM, Suhrland MJ (1995). Carcinoma neuroendócrino de pequenas células do endométrio. Int J Gynecol Pathol 14: 21-29.

217.   Vang R, Kempson RL (2002). Tumor epitélioide perivascular ("PEComa") do útero: um subconjunto de neoplasias mesenquimais epiteliais HMB-45-positivas
com uma relação incerta com tumores musculares puramente lisos. Am J Surg Pathol 26: 1-13.

218.   Vang R, Medeiros LJ, Ha CS, Deavers M (2000). Linfomas não-Hodgkin envolvendo o útero: uma análise clinicopatológica de 26 casos. Mod Pathol 13: 19-28.

219.   Veras E, Zivanovic O, Jacks L, Chiappetta D, Hensley M, Soslow R (2011). "Leiomiossarcoma de baixa qualidade" e tumores musculares liso do útero de recorrência tardia: uma colecção heterogénea de tumores frequentemente mal diagnosticados associados a um prognóstico globalmente favorável em relação aos leiomiossarcomas uterinos convencionais. Am J Surg Pathol 35 : 1626-1637.

220.   Wald NJ, Hackshaw AK (1996). Fumar cigarros: uma visão epidemiológica. Ir. Med. Bull, 52: 3-11.

221.   Wang HQ, Li J (2016). Características clínico-opatológicas do sarcoma mielóide: Relatório de 39 casos e revisão de literatura Patologia-Investigaçãoe Prática. 9: 817- 824.

222.   Wells M, Oliva E, Palacios J, Prat J. Tumores epiteliais e mesenquimais mistos *Em* Kurman RJ, Carcangiu ML, Herrington CS, Young RH (2014). Classificação da OMS dos tumores dos órgãos

reprodutores femininos. Lyon : IARC Press.

223.	Wheeler DT, Bell KA, Kurman RJ, Sherman ME (2000). Minimal carcinoma seroso uterino: diagnóstico e correlação clinicopatológica. Am J Surg Pathol 24: 797-806.

224.	OMS : World Health Organization Classification of Tumours (2003). Patologia e tumores genéticos da mama e órgãos genitais femininos. Tavassoli FA, Devilee P. Ed. IARC Press, Lyon.

225.	Wiegand KC, Lee AF, Al-Agha OM, Chow C, Kalloger SE, Scott DW, Steidl C, Wiseman SM, Gascoyne RD, Gilks B, Huntsman DG (2011). A perda de BAF250a (ARID1A) é frequente em carcinomas endometriais de alta qualidade. J Pathol 224: 328-333.

226.	Wilczyński, M., Danielska, J., & Wilczyński, J. (2016). Uma actualização do modelo clássico de cancro endometrial dualista de Bokhman. Revisão Menopausal, 2, 63-68. doi:10.5114/pm.2016.61186

227.	Wild CP, Weiderpass E, Stewart BW, editores (2020). Relatório Mundial sobre o Cancro: Investigação do Cancro para a Prevenção do Cancro. Lyon, França: Agência Internacional para a Investigação sobre o Cancro. Disponível em: http://publications.iarc.fr/586. p 16-34.

228.	Yan Z, Hui P. Carcinoma seroso uterino mínimo com tumor extra-uterino de morfologia idêntica: um estudo imuno-histoquímico de 13 casos. Aplicar Immunohistochem Mol Morphol. 2010 ; 18 : 75-9.

229.	Yilmaz A, Rush DS, Soslow RA (2002). Sarcomas estromais endometriais com características histológicas invulgares: um relatório de 24 tumores primários e metastáticos enfatizando a diferenciação fibroblástica e músculo liso. Am J Surg Pathol 26: 1142-1150.

230.	Yilmaz F, Ozdemir N, Akalin T, Veral A, Dikmen Y, Erhan Y (2000). Adenosarcoma uterino com sobrecrescimento rabdomiossarcomatoso. Breve comunicação. Eur J Gynaecol Oncol 21: 430-432.

231.	Yoo SH, Park BH, Choi J, Yoo J, Lee SW, Kim YM, Kim KR (2012). Metaplasia da mucosa papilar do endométrio como possível precursor do adenocarcinoma da mucosa endometrial. Mod Pathol 25: 1496-1507.

232.	Yoshida Y, Kurokawa T, Fukuno N, Nishikawa Y, Kamitani N, Kotsuji F (2000). Marcadores de apoptose e angiogénese indicam que os componentes carcinomatosos desempenham um papel importante no comportamento maligno do carcinosarcoma uterino. Hum Pathol 31: 1448-1454.

233.   Young RH, Harris NL, Scully RE (1985). Lesões linfomáticas do tracto genital feminino inferior: um relatório de 16 casos. Int J Gynecol Pathol 4: 289-299.

234.   Young RH, Treger T, Scully RE (1986). Adenomioma polipoide atípico do útero. Um relatório de 27 casos. Am J Clin Pathol 86: 139-145.

235.   Zaino R, Carinelli SG, Ellenson L.H, Eng C, Katabuchi H, Konishi I, Lax S, Matias-Guiu X, Mutter GL, Peters III WA, Sherman ME, Shih I.-M, Soslow R, Stewart CJR. Tumores epiteliais e precursores *Em* Kurman RJ, Carcangiu ML, Herrington CS, Young RH (2014). Classificação da OMS de tumores de órgãos reprodutores femininos. Lyon : IARC Press.

236.   Zaino RJ (2000). Factores de Prognóstico Convencional e Novel em Adenocarcinoma Endometrial: Uma Avaliação Crítica. Análises de casos de patologia 138-152.

237.   Zaino RJ, Kurman RJ (1988). Diferenciação escamosa no carcinoma do endométrio: uma avaliação crítica do adenoacantoma e do carcinoma adenosquâmico. Semin Diagn Pathol. ; 5 : 154-71.

238.   Zaino RJ, Kurman RJ, Brunetto VL, Morrow CP, Bentley RC, Cappellari JO, Bitterman P (1998). Villoglandular adenocarcinoma do endométrio: um estudo clinicopatológico de 61 casos: um estudo do Grupo de Oncologia Ginecológica. Am J Surg Pathol. ; 22:1379-85.

239.   Zaino RJ, Kurman RJ, Diana KL, Morrow CP (1995). A utilidade da Federação Internacional revista de Ginecologia e Obstetrícia histológica de classificação do adenocarcinoma endometrial utilizando um sistema de classificação nuclear definido. Um estudo do Grupo de Oncologia Ginecológica. Cancro 75: 81-86.

240.   Zaman SS, Mazur MT (1993). Endometrial papillary syncytial change. Uma alteração inespecífica associada a uma avaria activa. Am J Clin Pathol 99: 741- 745.

241.   Zheng W, Liang SX, Yi X, Ulukus EC, Davis JR, Chambers SK (2007). A ocorrência de displasia glandular endometrial precede o carcinoma papilífero seroso uterino. Int J Gynecol Pathol. 26 : 38-52.

242.   Zheng W, Schwartz PE (2005). EIC seroso como uma forma

precoce de carcinoma seroso papilar uterino: progressos recentes na compreensão da sua patogénese e opiniões actuais relativamente à gestão patológica e clínica. Gynecol Oncol 96: 579-582.

243.	Zhou J, Tomashefski J J Jr, Khiyami A (2007). Valor diagnóstico do teste Papanicolaou de camada fina, baseado em líquido, no cancro endometrial: um estudo retrospectivo com ênfase nas características citomorfológicas. Acta Cytol 51: 735-741.

244.	https://gco.iarc.fr/today/home/